KB175622

애 당 초
주 택 설 계 란
이 런 것 이 야

마스다 스스무 글 · 그림 | **이지호** 옮김

한스미디어

책을 시작하기에 앞서, 주택 설계를 시작한 당신에게 "축하한다!"라는 말을 전하고 싶다. 주택 설계라고 하면 언뜻 집 같은 건축물을 다루는 일이라 생각할 수 있지만, 사실 주택 설계는 사람의 한평생을 생각하는 일이다. 바꿔 말하면 건축물을 통해 사람의 마음과 생활에 관해 깊이 생각하는 작업이 바로 주택 설계다. 멋지지 않은가? 그런 멋진 일을 시작한 당신의 첫걸음을 축하하고 싶다.

주택 설계의 기본이 겉모습이 아니라 마음이라는 점을 깨닫기만 한다면 당신이 갈 길은 결코 먼 곳에 있는 것이 아니라 언제나 당신의 눈앞에 있을 것이다. 먼저, 나는 어떻게 생각하는가? 그리고 상대는 그것을 어떻게 생각하는가? 이런 질문부터 시작해 보자. 판단의 출발점은 언제나 마음이다.

다만 눈앞에는 늘 문제가 산더미처럼 쌓여 있다. 바닥, 벽, 천장, 창, 지붕…. 주택의 겉모습에 관한 문제는 방대하며 절대 간단치 않다. 하나하나 따지다 보면 눈이 핑핑 돌 정도로 힘들다. 그렇기에 더더욱 자신의 솔직한 감각을 소중히 여기며 소박한 의문을 품고 가까운 것부터 되묻는 자세를 잊지 말아야 한다.

당신이 밤낮으로 주택 설계에 몰두하는 사이 자칫 먼 곳을 방황하게 되지 않을까 걱정된다. 솔직히 말하면 바로 내가 그랬다. 지금까지 줄곧 먼 곳을 방황하다 이 나이가 되어서야 겨우 내 눈앞을 살피게 됐다. 당연한 것을 평범한 눈으로 보기 시작했다는 말이다. 그러면서 그동안 내가 주택 설계에 관해 많은 선입견과 착각에 빠져 있었음을 깨달았다. 그래서 당신은 나처럼 먼 길을 돌아오지 않았으면 하는 마음에서 이 책을 썼다. 내 딴에는 주택 설계 전반에 걸쳐 이야기하고 싶었지만, 아무래도 나 개인의 관심사에 편중되었음을 부정하지 않는다. 다만 이 책 어딘가에서 우연히 당신과 만나 "이거 참 멀리까지 와 버렸군요." 하고 웃으며 함께 집으로 돌아갈 수 있다면 기쁠 것이다.

목차

머리말···2

제 **1** 장 # 도면과 현장

기본 1   수평·수직·직각이 반듯해야
         품격 있는 건물이 된다 ·· 8

기본 2   완전무결한 치수 단위는 없다 ·· 14

기본 3   누구를 위하여 도면은 존재하나
         기본 편: 방향과 레이아웃 ·· 20

기본 4   누구를 위하여 도면은 존재하나
         응용 편: 그림의 승격 ·· 26

기본 5   일단 외우고 시작하자
         건축 현장 용어 사전 ·· 32

기본 6   '쾌걸 조로'는 만만치 않은 상대다 ································· 38

기본 7   건축 현장 반입 매뉴얼
         세상만사 여유 있게! ·· 44

기본 8   이 정도는 외워 놓자!
         건축 현장 용어: 사람과 관례 편 ······································· 50

칼럼 1 매뉴얼·오토매틱·자동 제어 ··· 56

제2장 설계의 핵심

기본 9	여닫이문은 닫아라! 미닫이문은 열어라!	60
기본 10	창의 기본은 미서기	66
기본 11	네 멋대로 해라	72
기본 12	계단의 치수와 단수의 방정식	78
기본 13	먼 옛날, 조리와 식사는 같은 것이었다	84
기본 14	물을 쓰는 곳의 독점과 공유	90
기본 15	빗물 방지와 방수는 다르다	96
기본 16	물건은 반드시 살아남는다	102
기본 17	'정리한다=수납한다'가 아니다	108
기본 18	주택 설계의 다이어그램이란?	114

칼럼 2 초기 비용·운전 비용·엔트로피 증대의 법칙 120

제 3 장   공조(空調)와 구조

기본 19   기화열의 기괴함 ·· 124

기본 20   룸 에어컨은 만담 콤비다 ·· 130

기본 21   단열이란 지열(遲熱)·완열(緩熱)이다 ·· 136

기본 22   단열·기밀·환기·통기의 4파전 ·· 142

기본 23   '무겁다=튼튼하다'가 아니다 ·· 148

기본 24   건축의 역사는 중력에 대한 저항의 역사였다 ························· 152

후기 ·· 156

도면과
현장

수평·수직·직각이 반듯해야 품격 있는 건물이 된다

수준기, 다림추, 수평기준실
이런 단순 명쾌한 도구들이 정밀도를 높여 준다.

로쿠데나시의 '로쿠'는 무엇일까?

내가 1급 건축사 자격 검정시험을 본 시기는 지금으로부터 40년도 더 전이다. 시험 내용은 이미 머릿속에 전혀 남아 있지 않지만, 읽는 도중 진지하기 짝이 없는 문제들 속에서 유일하게 나를 웃게 만들었던 어떤 문제만큼은 지금도 기억한다. '다음 동물 가운데 건축 용어로 쓰이지 않는 것은 무엇인가?'
① 원숭이(사루) ② 말(우마) ③ 고양이(네코) ④ 호랑이(도라) ⑤ 낙타(라쿠다)(기린이었던가?)
정답은 '낙타'였다.

건물 안에는 사람과 반려동물 외에도 다양한 생물이 살고 있다. 비둘기(하토), 잠자리(돈보), 메뚜기(이나고), 아귀(안코), 달팽이(덴덴), 개미(아리)…. 여기에 건물 안에 살지는 않지만 건물을 지을 때 활약하는 솔개(도비)와 학(크레인)[1]도 있다.

　일본에서는 건축 용어나 건축과 관련된 표현이 일상용어로 사용되고 있는 경우가 많다. '절간 같다', '못을 박다', '시노기[2]를 깎는다(치열하게 싸운다)', '우다쓰[3]가 올라가지 않는다(지위나 생활이 나아지지 않는다)', '다테마에[4](표면적인 모습)', '기초멘[5](착실함, 꼼꼼함)' 등…. 건축과 관련 있는 이런 표현들 중 이번에 다루려는 것은 착실하지 못한 골칫거리를 의미하는 '로쿠데나시(못난 놈 혹은 개망나니)'와 '다치가 와루이(질이 나쁘다)'이다. '로쿠'와 '다치'는 '陸', '建ち'라고 쓰는데, 이는 본래 수평·수직을 의미하는 건축 용어다. 여기에 직각을 의미하는 건축 용어인 '가네(矩)'도 추가하자.

　건물은 수평·수직·직각이 반듯하지 않으면 품격이 느껴지지 않으며, 안전성이나 내구성에 지장을 초래하기도 한다. 물론 우아한 곡선이나 세련된 경사도 좋지만, 먼저 기본을 확실히 하지 않는다면 그런 것들은 유치한 장식일 뿐 디자인이라 말할 수 없다.

　수평·수직·직각의 삼박자가 갖춰져 있는 것이 '정밀도'다. '정밀도'라고 하면 왠지 어렵게 느껴질지 모르지만, 그렇지 않다. 이 삼박자를 갖추는 것은 지극히 간단한 일이다.

1　'학'은 영어로 '크레인(crane)'인데, 이는 동시에 '기중기'를 의미하는 말이기도 하다.
2　'시노기'는 칼날과 칼등 사이의 튀어나온 부분을 의미하지만, 건축에서 각재를 삼각형으로 깎았을 때 위를 향하는 뾰족한 부분을 가리키기도 한다.
3　'우다쓰'는 에도 시대에 이웃집으로 불이 번지는 것을 막기 위해 지붕에 올렸던 방화벽 겸 장식으로, 이것을 올리려면 상당한 돈이 들었기 때문에 '우다쓰가 올라가지 않는다(즉 우다쓰를 올리지 못한다)'가 '지위나 생활이 나아지지 않는다'는 의미로 쓰이게 되었다.
4　마룻대를 올리는 것을 '다테마에'라고 한다.
5　'기초멘'은 각기둥의 모난 모서리를 둥글게 깎은 다음 양 옆을 예각의 삼각형으로 파내는 기법이다. 정확하게 깎지 않으면 보기 흉해지기 때문에 착실함, 꼼꼼함을 의미하게 되었다.

우마(말)¹를 끼운다.

우마(말)에 올려놓고 작업한다.

네코(고양이)=
외바퀴 손수레

도비(솔개)=비계

크레인(학)

사루(원숭이)(오르내리꽃이쇠)=비녀장

빈지문 등

들어 올린 다음 물려서 고정시킨다.

문지방의 구멍으로 자연스럽게 들어간다.

도라(호랑이) 로프(노란색과 검정색)
=타이거 로프

처마홈통

안코(아귀)=모임통

덴덴(달팽이)=
선홈통을 벽에 고정시키는 걸이쇠

선홈통

반자틀 천장의 안쪽에서 천장
판을 물고 있는 이나고(메뚜기)
들(천장판은 떼어낼 수 있다)

이나고(메뚜기)=천장
판을 연결하는 작은
나무. 현재는 거의 사
용되지 않는다.

천장판

반자틀

천장판

지붕 위의 비둘기집²

횡가재와 횡가재를 연결하는 이음의
일종 '개미장이음'=주먹장이음

아리(개미)

두꺼운 판재를 접합하기
위한 목제 조인트

돈보(잠자리)=콘크리트를 타설
할 때 평평하게 만드는 도구

접착제가 마를 때
까지 판재를 임시
로 고정시켜 놓는,
뽑아내기 위한 손
잡이가 달린 핀

돈보(잠자리)

돈보(잠자리)

미장재가 바탕재에 잘 섞이
도록 바탕재에 박는 여물이
달린 핀

1 우마=받침대 혹은 작업대
2 비둘기집=옥상에 설치하는 배관 덕트의 통풍을 위한 작은 박스

로쿠＝수평

수평(水平)이라는 한자처럼, 물(水)은 가만히 내버려두면 저절로 평평해진다(平).
세상 어디든 비가 그친 뒤에 생긴 물웅덩이는 완벽한 수평을 이룬다.

수준기

부재의 수평을 측정하는 수준기는
물의 단순 명쾌한 원리를 이용한다.
기포의 좌우에서 물이 평평해지려
고 하는 원리다.

전기 공사에 사용되는 수준기가 달린 자

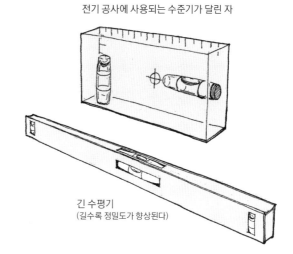

**수평이 아닌 것을
"로쿠가 잡히지 않았다"
라고 말한다.**

긴 수평기
(길수록 정밀도가 향상된다)

셀프 레벨링재

기초의 상단이나 바닥 마감의 수평 정밀도
를 높이기 위한 셀프 레벨링재의 경우 액체
의 성질을 그대로 이용한다. 매우 단순 명쾌
해서 좋다.

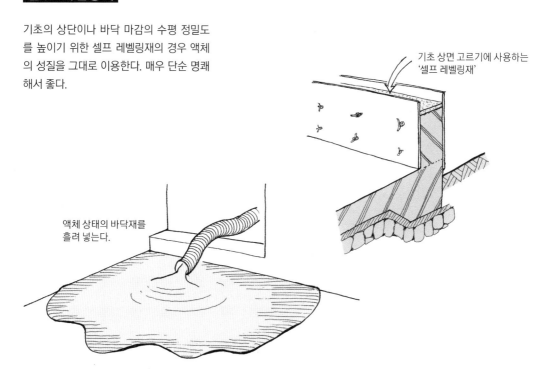

기초 상면 고르기에 사용하는
'셀프 레벨링재'

액체 상태의 바닥재를
흘려 넣는다.

다치 = 수직

수직은 지구의 만유인력이 작용하는 방향이다.
"다치가 와루이(나쁘다)"는 정확하게 수직이 맞춰지지 않은 것을 의미하는 말이다.

다림추

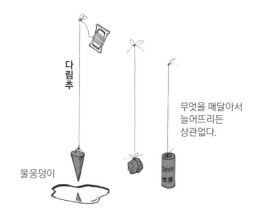

다림추

물웅덩이

무엇을 매달아서
늘어뜨리든
상관없다.

수직을 정확히 맞추려면 수준기에 같이 달려 있
는 또 하나의 기포관을 이용해도 되지만, 더 간
단하면서 정확한 방법이 있다. 바로 다림추다.
다림추 역시 단순 명쾌해서 좋다.

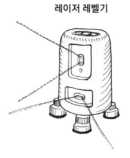

레이저 레벨기

레이저 레벨기도 케이스 속에 추가 매달려 있어
그 수직선을 기준으로 수직과 수평을 산출할 뿐
이다.

직각 = 90°

원래 직각이어야 하는 것이 조금이라도 직각이 아닐 경우, "가네가 틀어졌다"라고 말한다.
89.5도이든 90.5도이든 직각이 아닌 것에는 변함이 없다.

스퀘어 직각자

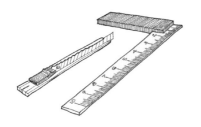

작은 세공물이나 모형을 만들 때는 스퀘어 직각자로 충분
하다.

곱자

조금 더 큰 물건을 다룰 때는 곱자(직각자라고도 한다)를 사
용하면 된다. 여담이지만, 곱자는 치수를 재거나 직각을 만
들 뿐만 아니라 그 표면의 눈금을 사용해 원둘레나 대각 길
이를 알 수도 있다.

가네＝직각

가네의 한자 '矩'는 모서리를 의미해서, 직사각형을 구형(矩形)이라고도 한다. 모서리를 정확히 직각으로 만들지 않으면 건물 전체가 엉망이 된다. 그렇다면 올바른 직각을 얻기 위해서는 어떻게 해야 할까?

답은 삼·사·오

사실 그 방법은 고마울 정도로 간단하다!

도편수 : "내 말 잘 듣고 기억해 두라고. 직각은 말이지, 삼·사·오야!"

도편수 : "응? 그건 말이지⋯. 젠장, 그런 건 몰라도 되니까 직각은 삼·사·오라고 외우기나 해! 알겠지?"

신참 : "그렇군요! 알겠습니다! 저, 그런데⋯. 왜 일·이·삼이 아닌가요?"

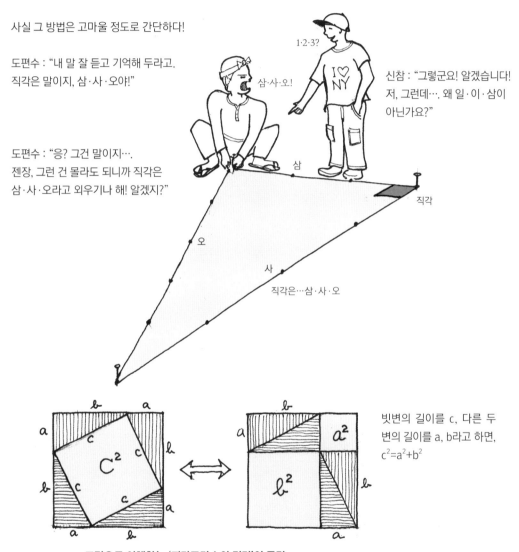

빗변의 길이를 c, 다른 두 변의 길이를 a, b라고 하면, $c^2 = a^2 + b^2$

그림으로 이해하는 '피타고라스의 정리'의 증명

도편수는 '피타고라스의 정리' 따위는 알지 못한다. 세 변의 비가 3·4·5인 삼각형은 직각삼각형이라는 것만 알 뿐이다. 3미터·4미터·5미터여도 되고, 15자·20자·25자여도 상관없다. 현장에서 수평규준실로 커다란 직각삼각형을 만들어서 확인하면 그것으로 충분하다!

에이 로쿠스케

완전무결한
치수 단위는 없다

자, 피트, 미터

완전무결한 치수 체계라는 것은 존재하지 않는다.
자기 나름의 치수 체계를 만들어 이용하자.

세계의 치수 체계

"지구의 둘레, 그러니까 적도를 한 바퀴 돌았을 때의 거리가 딱 4만 킬로미터라는 거 알아?"라고 하면 대부분은 "와, 그래? 신기하네"라며 놀란다. '딱'이라고 하니까 일종의 우연이나 기적으로 오해하는 사람도 있는데, 사실 이는 우연이나 기적이 아니라 당연한 것이다.

왜냐하면 북극점부터 적도까지 자오선 길이의 1만 분의 1을 1킬로미터로 정했기 때문이다. 18세기 말, 혁명을 성공시켜 신이 나 있던 '파리 친구들'이 그렇게 결정했다. 그리고 1킬로미터를 1,000등분한 것이 1미터다.

'길이의 기준이 나라마다 제각각이니 우리가 새롭게 정하자!'라는 기개는 분명 훌륭했다. 다만 문제는 지구를 기준으로 선택한 것이었다. 덕분에 규모가 너무 커진 나머지 전혀 실감이 나지 않게 되었다. 본래 동아시아에는 팔의 길이를 기준으로 삼은 '자(척)', 영미권에는 발의 길이를 기준으로 삼은 '피트'라는 (미터보다 짧은) 단위가 있었는데, '표준화'라는 명목 아래 신체 감각과 가까운 치수 체계를 짓밟아 버렸다.

일본에도 계량법이 제정되면서 척관법의 사용이 금지되었는데, 이런 어리석은 행위에 과감하게 반기를 든 인물이 있었다. 2016년 타개한 방송 작가 에이 로쿠스케 씨다. 전국 방방곡곡을 돌아다니며 일본의 전통 기술 장인들의 탄식을 들은 그는 단신으로 정부 청사에 뛰어들어 이 어리석은 법의 시정을 호소하고 자신의 네트워크를 동원해 척관법 존속 운동을 펼쳤다. 아쉽게도 계량법 시정이라는 성과로까지 연결되지는 않았지만, 로쿠스케 씨의 활약 덕분에 지금은 척관법을 사용해도 벌금을 물지 않게 되었다. 이 일화는 에이 로쿠스케 씨의 다른 수많은 활약에 묻혀 사람들에게 덜 알려져 있다. 그러나 일본의 물건 만들기 역사에 특별히 기록할 만한 쾌거라고 해도 부족함이 없을 것이다.

주 더욱 정확한 측정이 가능해지면서 현재 지구의 둘레가 딱 4만 킬로미터는 아니게 되었다. 또한 지금은 1미터를 정의할 때 지구가 아니라 빛을 기준으로 삼고 있다.

신체 감각에 맞는 자(척)와 피트

1자(척)는 303밀리미터. 1피트는 305밀리미터. 약간 차이가 있지만 그냥 넘어가자.
신체 감각에 맞는 두 가지 치수 단위 모두 약 30센티미터다.

자와 피트의 기원

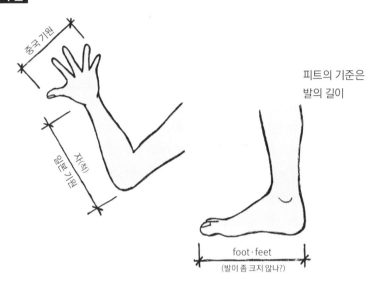

자의 기준은
팔(손)의 길이

중국 기원

자(척)
일본 기원

피트의 기준은
발의 길이

foot · feet
(발이 좀 크지 않나?)

30센티미터라면 일목요연

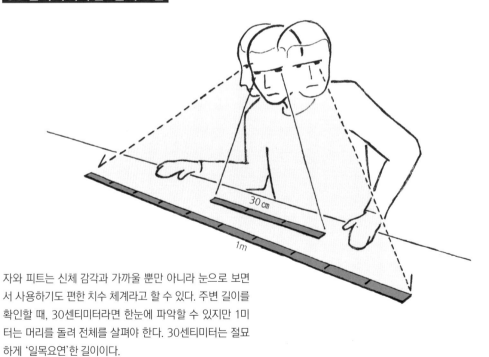

30 cm

1m

자와 피트는 신체 감각과 가까울 뿐만 아니라 눈으로 보면
서 사용하기도 편한 치수 체계라고 할 수 있다. 주변 길이를
확인할 때, 30센티미터라면 한눈에 파악할 수 있지만 1미
터는 머리를 돌려 전체를 살펴야 한다. 30센티미터는 절묘
하게 '일목요연'한 길이이다.

신체 척도에 맞는 삼륙

삼륙은 3×6자(909×1,818밀리미터)의 애칭이다.
표준적인 다다미의 크기도 삼륙이다.

온몸이 딱 들어가는 3 × 6 자

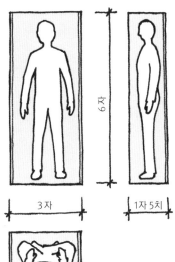

누우면 한 장
앉으면 반 장
서면 반 장

3×6자는 다다미의 평균 치수다. 그렇다. 바로 '삼륙'의 등장이다. 예로부터 "서면 반 장, 누우면 한 장" 혹은 "앉으면 반 장, 누우면 한 장"이라는 말이 있었다.

응? 평균 신장이 커진 현대에는 1×2미터가 더 현실적이지 않느냐고? 내 경우는 0.5자≒150밀리미터를 애완용으로 키우고, 삼륙을 기조로 삼으면서도 3.5×6.5자(≒1,050×1,950밀리미터)의 L사이즈를 소중히 다루고 있다.

(정말 미안하지만, 1미터나 2미터라는 어중간한 크기는 사용하지 않는다.)

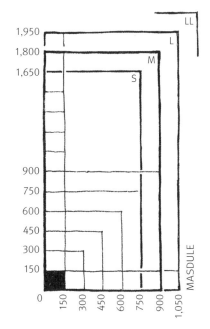

주 • 자(척)와 피트 모두 역사 속에서 계속 변화해 왔으며, 지금도 하나의 수치로 정해져 있지는 않다.
• 자(척)의 경우 재봉에서 사용되는 경척(鯨尺)도 있지만 여기에서는 다루지 않았다.
• 다다미의 치수는 간사이 지방과 간토 지방이 다르고 나아가 아파트·공동 주택용 다다미의 치수도 존재하지만, 여기에서는 평균적인 크기 (중부 지방 정도)를 기준으로 이야기했다.

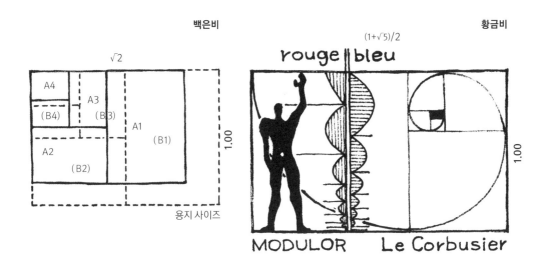

백은비 　　　　　　　　　　　　황금비

$(1+\sqrt{5})/2$

rouge bleu

MODULOR　　Le Corbusier

치수 체계에 대한 설명과 평가는 물론 나의 독단에 불과하다. 미리 사과를….

전설의 반열에 오른 르모듈러

신체 척도는 건축가 르코르뷔지에의 '르모듈러(Le Modulor)'가 잘 알려져 있다. '르모듈러'는 '황금의 치수 기준 수열'로, 르코르뷔지에는 사람의 키와 배꼽까지의 높이의 비를 황금 분할해 건물에 사용할 수 있는 치수군(群)을 제안했다. 다만 등비수열에 입각한 것이었기에 실제 사용하기에는 어려움이 있었다. 등비적이기에 면적(제곱) 체계이지 치수 체계라고는 말하기 어렵다. 크기가 커짐에 따라 빈틈이 생기기 때문이다. 르모듈러는 이러한 결점을 보완하기 위해 사람의 키를 기준으로 삼은 적색 계열 외에 사람이 손을 들어 올린 높이를 기준으로 삼은 청색 계열도 준비되어 있다. 하지만, 이 때문에 오히려 더 번거롭다. 우리가 평소 사용하고 있는 종이 사이즈에 A사이즈 계열과 B사이즈 계열이 있는 것과 같은 식인데, 우리도 A4와 B4를 함께 사용하지는 않는다.

자·피트·미터의 분할과 확장

이번에는 자(척)·피트·미터 단위가 어떤 식으로 짧게, 혹은 길게 전개되는지 살펴보자.
이는 참으로 복잡하다.

자(척)

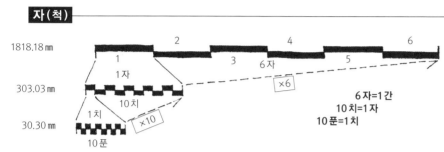

6 자=1 간
10 치=1 자
10 푼=1 치

짧은 쪽으로는 10등분을 한다. 1자=10치, 1치=10푼, 1푼=10리(厘)다.
그런데 긴 쪽으로는 6의 배수로 단위가 올라간다. 1칸(間)=6척, 1정=60칸, 1리(里)=36정이다.
(1장=10자는 예외로 생각해도 된다.)

피트

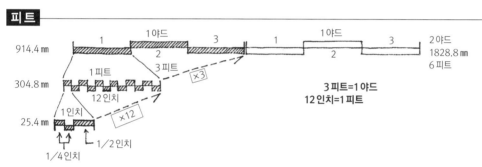

3 피트=1 야드
12 인치=1 피트

짧은 쪽으로는 처음에 12등분을 한다. 1피트=12인치다.
그런데 그보다 작은 치수는 1/2인치, 1/4인치 등 분수로 나눈다.
긴 쪽으로는 먼저 3배를 한다. 1야드=3피트다.
그런데 그보다 큰 치수는 1마일=1.760야드…. 이쯤 되면 할 말이 없다.
1.760은 12의 배수는커녕 3의 배수조차 아니지 않은가?

결론적으로, 자(척)도 피트도 10진법과 12진법을 혼용한다.
인간의 손가락이 양손을 합쳐서 10개인 것과, 12라는 수에는 2·3·4·6이라는 약수가 있다는 것이 그 원인이라
이야기된다.

미터

1km=1,000m, 1m=100cm, 1cm=10mm의 대열

자, 당신은 어떻게 하겠는가? 1/3자≒100밀리미터라는, 척관법과 미터법이 화해(타협)한 것 같은 방법도 있다.

누구를 위하여
도면은 존재하나
기본 편: 방향과 레이아웃

원칙을 따르면서 공간을 상상한다

도면은 그것을 처음 보는 사람의 눈에 어떻게 보일지 상상하면서 그려야 한다!

보는 즉시 직관적으로 머릿속에 들어오는 도면

제본된 도면은 이 페이지 저 페이지를 넘기면서 비교해 입체적인 이미지를 떠올리도록 만드는 것이 아닐까? 처음부터 순서대로 페이지를 넘기며 읽어 나가는 단행본 소설 같은 책과는 성격이 다르다. 단순히 도면을 여러 장 그려서 철하면 그만이라고 생각한다면 그것은 커다란 착각이라고밖에 할 말이 없다.

먼저 배치도와 방향에 관해 생각해 보자. 아래 그림은 어떤 주택의 배치도다. 서쪽의 전면 도로에서 접근하며, 서쪽 면에는 주 출입구(현관)가, 남동쪽 면에는 테라스가 있다. 전면 도로와 인접 대지까지 포함한 이 주택의 배치도를 도면 용지에 어떤 방향으로 그려야 할지 생각해 보자. 도면의 방향은 상대방이 어떻게 봐 줬으면 하는지를 기준으로 결정해야 한다.

도면의 방향 하나에도 당신의 설계 의도를 담을 수 있는 것이다.

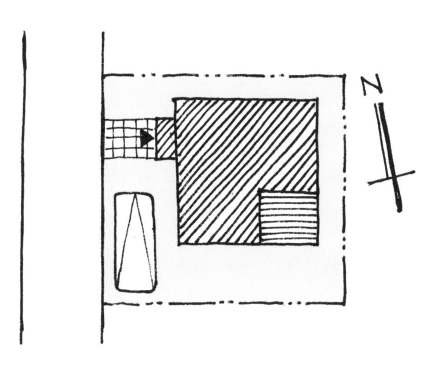

배치도·평면도는 어떤 방향으로 그려야 할까?

일반적으로 "건물의 평면도는 북쪽이 위를 향하도록 그린다"라고 배운다.
그러나 실제로는 어떤 방향으로 그려도 된다.

북쪽이 위를 향하도록 그린다

"북쪽이 위를 향하도록 그린다"라고 하지만 A처럼 위가 정북방이 되도록 건물을 비스듬하게 그리는 고지식한 사람은 아마도 없으리라 생각한다. 대부분의 설계자는 (아무런 의심 없이) B의 방향으로 평면도를 그릴 것이다.

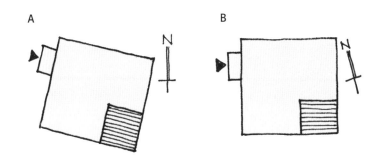

테라스가 있는 남쪽이 위를 향하도록 그린다

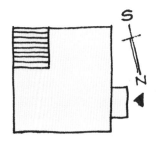

우리는 무의식중에 빛은 전방의 머리 위에 있다고 생각한다. 그래서 남쪽이 위를 향하도록 그린 평면도를 보면 위쪽에서 햇빛을 얻는 이미지를 자연스럽게 떠올릴 수 있다. 세이케 기요시를 비롯한 많은 주택 건설의 대가가 "주택의 평면도는 남쪽이 위를 향하도록 그려야 한다"라고 주장한다.

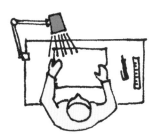

서쪽 면이 아래를 향하도록 그린다

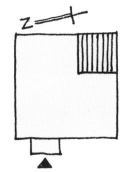

이는 방위 관점이 아니라, 서쪽 도로에서 접근해 현관으로 들어간 다음 주택 내부를 지나 남쪽의 테라스로 나오는 경로, 즉 동선을 눈으로 좇기 편하도록 그린 것이다. 자신이 아래에서 위로 이동한다고 가정하면서 도면을 보는 사람이 많기 때문이다.

도면의 레이아웃은 원칙에 따라

각 층 평면도를 나열할 때도 머릿속에 금방 들어오도록 배치하는 것이 바람직하다.
원칙에 따르지 않으면 도면을 이해하기가 어려워진다.

아래에서 위로

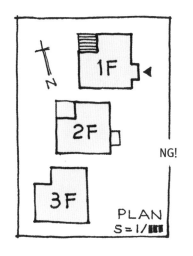

그림은 3층 주택의 각 층 평면도를 용지 한 장에 그린 것이다. 그런데 이것을 그린 사람은 두 가지 끔찍한 잘못을 저질렀다.

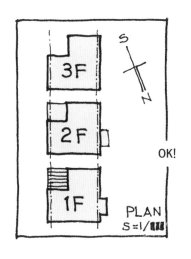

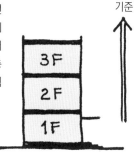

올바른 레이아웃은 이것이다. 먼저, Y축 방향의 기준선을 가지런히 맞춘다. 그리고 각 층을 아래에서 위의 순서로 배치한다. 위층은 위, 아래층은 아래. 이것이 원칙이다.

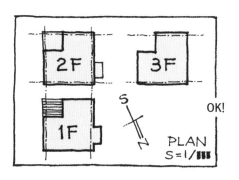

용지를 가로로 사용한다면 이런 레이아웃이 자연스러울 것이다.

회전하는 입면도·전개도

입면도·전개도 역시 보는 사람을 배려하며 나열해야 한다.
좌우로 '전개'되도록 나열한다면 머릿속에 쏙쏙 들어올 것이다.

입면도는 반시계 방향

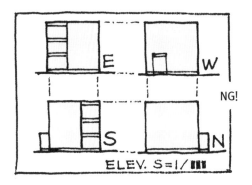

NG!

ELEV. S=1/██

가로로 놓은 용지에 4면의 입면도를 그릴 때, 상하좌우의 기준선을 가지런히 맞추는 것은 기본 중의 기본이다. 다만 이것을 그린 사람은 다른 잘못을 저질렀다. 무엇이 잘못되었을까?

반시계 방향
E→N→W→S→E→N→W→S

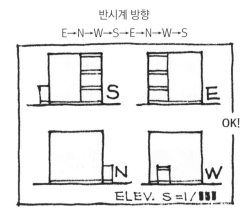

OK!

ELEV. S=1/██

이것이 올바르게 배치된 입면도다. 입면도는 동서남북 어떤 면부터 그리기 시작하든 상관없다. 당신이 가장 중요하다고 생각하는 면을 제일 먼저 그려도 되고, 주 출입구가 있는 면부터 그려도 된다. 다만 그 다음 면의 방위는 반시계 방향으로 그려야 한다! 그러면 두 도면의 이웃하는 변이 같아져서 자연스레 머릿속에 들어오게 될 것이다. 이것이 원칙이다.

**입면도는
반시계 방향**

전개도는 시계 방향

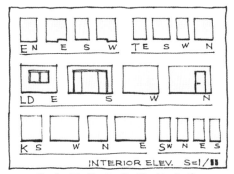

INTERIOR ELEV. S=1/██

E→S→W→N→E→S→W→N→E→S
시계 방향

방 하나의 전개도는 동서남북 어떤 면부터 그리기 시작해도 상관없다. 다만 다음 면의 방위는 입면도와 반대로 시계 방향이다(그림을 보면 이해가 될 터이므로 귀찮은 설명은 생략한다).

**전개도는
시계 방향**

♫도면을 넘기고~ 또 넘기고~♪

마지막으로, 도면이 어떻게 보이도록 제본할지도 궁리했으면 한다.
각 페이지의 레이아웃 위치를 가지런히 맞추는 것은 기본적인 배려다.

제본 도면의 레이아웃 위치

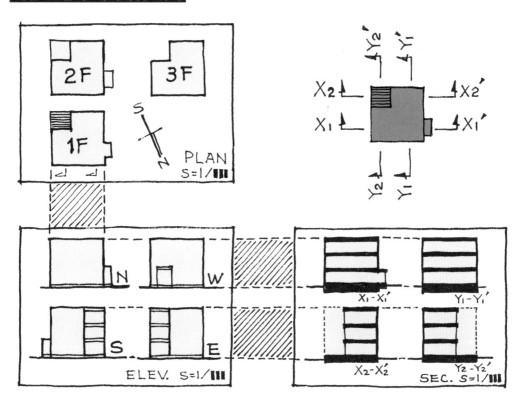

평면도, 입면도, 단면도의 순서로 제본하는 것이 보통이다. 평면도, 단면도, 입면도의 순서로 제본
하는 설계자도 있는데, 그래도 문제는 없다.

페이지를 넘겨서 도면의 종류가 바뀌더라도 그것은 전
부 같은 주택의 도면이다. 지금 보고 있는 페이지와 다
음에 볼 페이지의 기준선이 가지런하게 맞춰져 있다면
페이지를 팔랑팔랑 넘겼을 때 건물의 이미지를 파악하
기가 쉽다. 원칙까지는 아니지만, 이런 배려도 필요함을
잊지 마시길!

누구를 위하여
도면은 존재하나
응용 편: 그림의 승격

배치도에서 실시 설계도로

도면은 창조를 위한 시뮬레이션이며, 나아가 실현을 위한 전달 수단이 된다.

도면은 당신 이외의 사람들을 위해

"1미터 50이야!"라는 말을 들으면 건축 관계자들은 1미터 50밀리미터임을 금방 이해하지만 일반인들은 1미터 50센티미터로 받아들일 것이다. 건축 설계도는 밀리미터 단위로 나타낸다는 업계의 관례 때문에 일어나는 일인데, 왠지 오타쿠스럽다.

우리는 수많은 도면을 그린다. 그림만으로는 크기를 알 수 없으므로 치수를 기입한다. 그것이 어느 곳의 치수를 가리키는지 나타내기 위해 기준선도 그려 넣는다. 그림과 기준선과 치수, 여기에 축척이라는 4박자가 갖춰졌을 때 '그림'은 비로소 '도면'으로 승격된다.

완성된 지저분한 상태의 도면을 깨끗하게 다시 그릴 때는 순서가 바뀌어서, 축척을 정한 다음 기준선을 그리고, 그 위에 그림을 그린 다음, 마지막으로 치수를 기입한다.

이렇게 해서 완성된 도면은 매우 복잡한 그림이 된다. 우리는 그것이 복잡할수록 자기만족을 느끼는 직업병에 걸리기 쉽지만, 건축주는 도면을 본 순간 겁을 먹고 뒷걸음질을 칠 것이다. 특히 치수가 문제다. 우리가 상상하는 것보다 훨씬 많은 사람이 숫자를 보는 것만으로도 현기증을 일으킨다. 치수 단위가 밀리미터인 것도 불에 기름을 끼얹는 결과를 불러온다.

건축주가 알고 싶어 하는 것은 치수(길이)보다 면적(넓이)이다. 그것도 제곱미터가 아니라 평수를 알고 싶어 한다. 설계도 책자 평면도에 면적이 적혀 있는 일은 거의 없지만, 판매용 주택이나 분양 아파트 배치도에는 반드시 면적이 적혀 있다. 일본의 경우 다다미 장수로 면적을 나타내기 때문에 ○○J라고 기재되어 있는데, J는 다다미를 의미하는 '첩(疊)'의 약자이지만 어딘가 '재패니즈(Japanese)'의 약자처럼 느껴지기도 해서 왠지 멋지다는 생각이 든다.

알아보기 쉽도록 도면을 그리는 것은 기본 중의 기본이다. 아무리 많은 정보를 담았다 한들 그 결과 알아보기 어려워졌다면 본말전도다. '건축주는 이 도면을 어떤 식으로 읽어 줄까?'를 생각하면서 그린다면 목적에 걸맞은 방식으로 표현할 수 있을 것이다.

배치도는 건축주를 위해 알아보기 쉽게 그린다

내 경우, 건축주에게 처음으로 보여주는 배치도는 손으로 직접 그린다.
부드럽고 따뜻하게 보일 뿐만 아니라, 아직 원안 단계라는 점도 전해진다.

보는 사람을 배려하는 배치도를

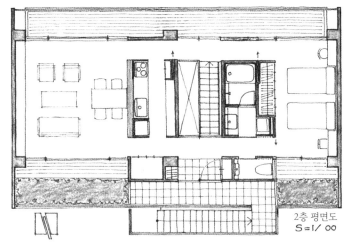

방의 이름은 적지 않고, 그 대신 가구를 그려 넣는다. 그러는 편이 내부 이미지를
떠올리기 쉽기 때문이다. 치수는 의도적으로 기입하지 않는다.

치수 대신 모눈을

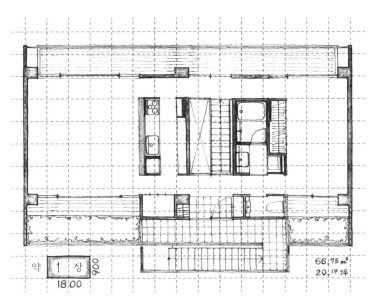

치수를 기입하지 않는 대신 다다미 반 장 크기의 모눈을 배치도에 겹친 다른 그림을
첨부한다. 각 방의 모눈 수를 세면 넓이를 알 수 있는 퍼즐이라고나 할까?

실시 설계도는 시공자를 위해 명확하게

계획이 진행되어서 실시 설계도를 그릴 때는 당연히 치수를 꼼꼼하게 기입한다.
치수를 어떻게 기입하느냐에 따라 설계의 의도도 전해진다.

꼼꼼한 치수란?

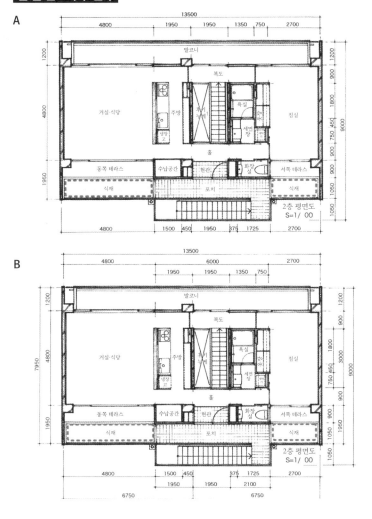

A와 B는 치수를 기입하는 방식이 다르다. 양쪽 모두 치수 표기에 부족함은 없다. A는 조금 더 단순한 데 비해 B는 복잡하고 장황하다는 차이가 있을 뿐이다. 앞에서 한 말을 뒤집는 것 같지만, 나는 B의 손을 들어 주고 싶다. 그 이유는 내가 굳이 설명하지 않아도 이해가 갈 것이다. B처럼 단계를 나누면 어떻게 공간을 나눠야 할지까지 분명하게 드러낼 수 있다.

1 후키누케: 하층 부분의 천장과 상층 부분의 바닥을 설치하지 않음으로써 상하층을 연속시킨 공간

계단의 화살표는 올라가는 방향으로

말이 나온 김에 좀 더 이야기하면, 계단의 오르내리는 방향을 나타내는 화살표는 어떤 층이든 올라가는 방향으로 그리는 것이 좋다. "←UP"이나 "DN→" 같은 표기를 종종 보는데, UP은 둘째치고 DN을 DOWN의 약자라고 우기는 것은 지극히 자기 위주의 발상일 뿐이다. 또한 UP·DN이라고 적어 놓아야 위인지 아래인지 알 수 있다면 너무 번거롭지 않은가? 전부 올라가는 방향으로 화살표를 그리면 보는 사람도 자연스럽게 이해할 수 있다.

네 그림 모두 계단 방향은
화살표의 방향과 같습니다

단면 상세도는 특히 신중하게 그린다

단면 상세도에는 골조와 마감 양쪽이 모두 표시된다.
요컨대 공사의 초기 단계와 최종 단계가 함께 그려진다는 말이다.

공정까지도 암시하자

골조와 마감은 당연히 관여하는 직종이 다르다. 아래 그림은 목조 3층 건물의 단면 상세도다. 오른쪽에 골조 관련 높이 치수를 기입하고, 왼쪽에는 마감 관련 높이 치수를 표시했다. 오른쪽에만 관심이 있는 건축 기술자도 있을 것이고, 왼쪽만 알고 싶어 하는 사람도 있을 것이다. 양쪽 모두 관여하는 누군가는 공정을 제대로 이해하고 있어야 하겠지만!

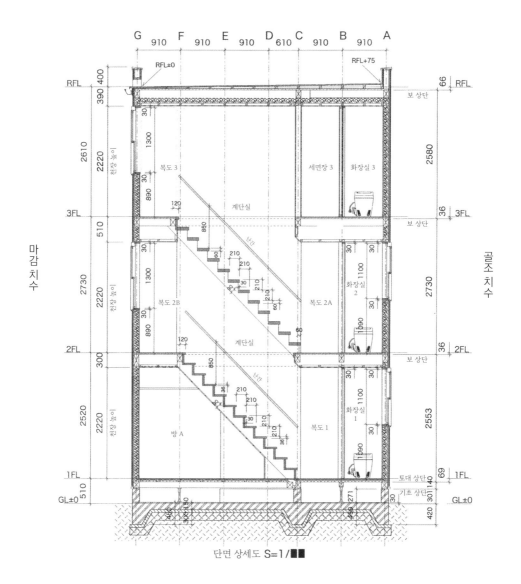

단면 상세도 S=1/■■

가구 도면보다 가구 스케치를

건축주의 주요 관심사 중 하나인 빌트인 가구의 경우,
깔끔한 도면보다 지저분한 스케치가 훨씬 이해하기 쉽다.

스케치는 가구 제작자들도 좋아한다

빌트인 가구의 도면은 위에서 내려다 본 평면도·정면도·측면도·단면도의 네 장으로 나눠서 그리는 것이 보통인데, 문제는 정말로 이해하기 힘들다는 것이다. 네 장으로 분해된 도면을 보고 이것이 무슨 도면인지 이해할 수 있는 일반인은 거의 없을 것이다. 반면 스케치는 가구 제작자들도 좋아하므로 강력 추천한다!

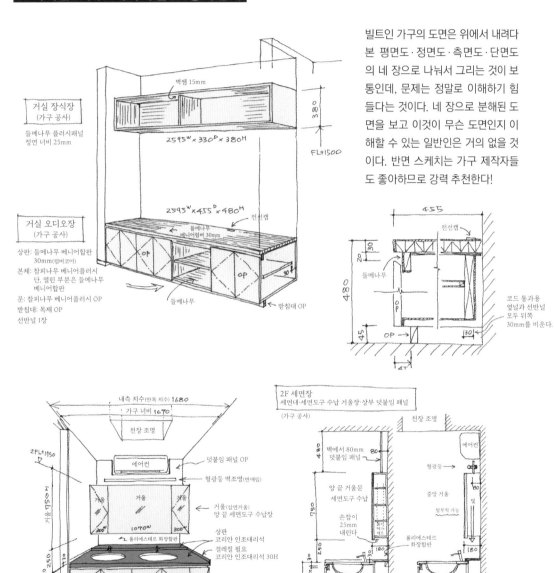

일단 외우고 시작하자
건축 현장 용어 사전

처음 들을 때는 완전히 외국어?

미쓰케, 미코미, 지리, 다키, 조로….
이는 꼬치구이의 메뉴 이름이 아니다.

현장 용어의 폭풍에 대비하라!

"이보슈 설계사 양반. 이 창틀은 어떻게 맞추는 거요? 도메요? 아니면 사시요? 사시라면 다테가치로 해도 되겠소? 이 '그림'만으로는 알 수가 없어서 말이지."

학교를 졸업하고 취직을 하면 어떤 직종이든 '현장 용어'의 폭풍과 직면하게 된다. 당신도 처음 건설 현장에 갔을 때는 마치 외국에 온 것 같은 기분이었지 않은가? 현장 기술자들이 '도면'을 '그림'이라고 불렀다면 이미 밑천이 다 들통 났구나 생각하고 각오하는 편이 좋다. 쓸데없이 아는 척하지 말고 솔직하게 전부 물어보자. 기술자들은 다들 마음씨가 좋으므로 친절하게 가르쳐 줄 것이다. 하지만 혹시라도 현장 분위기에 겁을 먹은 나머지 아무것도 물어보지 못하고 돌아왔을지도 몰라서 '일단 외워 둬야 할 건축 현장 용어 사전'을 만들었다.

입체의 치수 표기

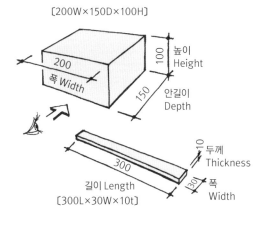

외측 치수와 내측 치수

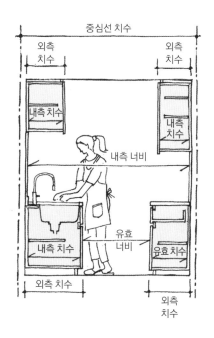

건물의 높이 표기

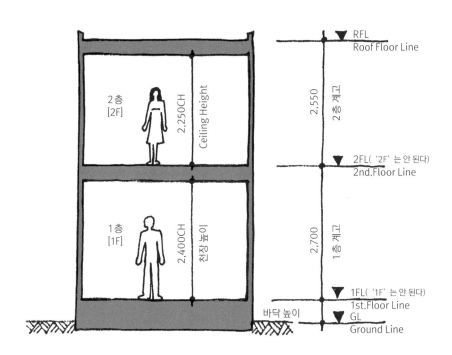

2층
[2F]

2,250CH

Ceiling Height

1층
[1F]

2,400CH

천장 높이

바닥 높이

▼ RFL
Roof Floor Line

2,550

2층 계고

▼ 2FL('2F'는 안 된다)
2nd.Floor Line

2,700

1층 계고

▼ 1FL('1F'는 안 된다)
1st.Floor Line
▼ GL
Ground Line

가구·창호를 끼우는 방법

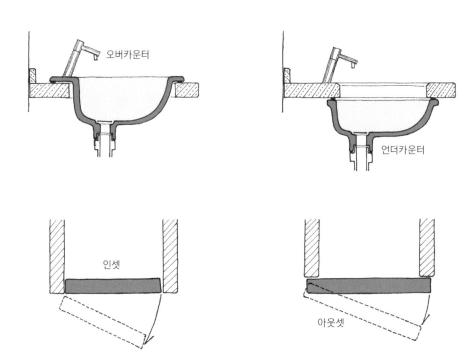

오버카운터

언더카운터

인셋

아웃셋

개구부 주변 호칭

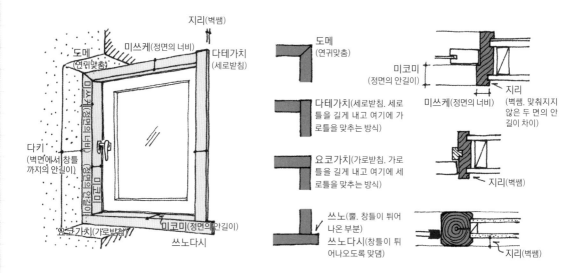

두 부재를 맞붙이는 방식

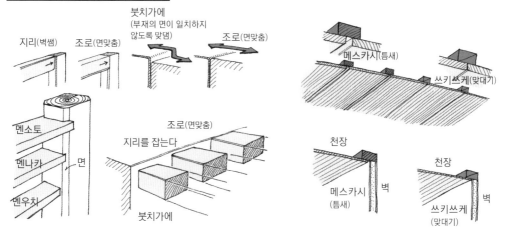

동재 · 동색

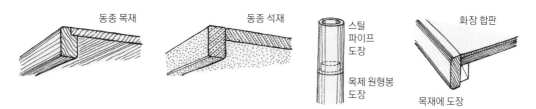

동재: 복수의 부품을 같은 종류의 재료로 만드는 것

동색: 다른 종류의 재료를 같은 색으로 칠하는 것

붙이는 방법 · 덮는 방법 · 나열하는 방법

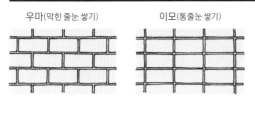

우마(막힌 줄눈 쌓기)

이모(통줄눈 쌓기)

이치마쓰(바둑판무늬)

요쓰메(바구니무늬)

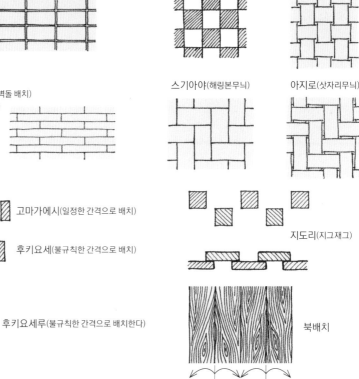

량코(벽돌 배치)

스기아야(해링본무늬)

아지로(삿자리무늬)

고마가에시(일정한 간격으로 배치)

후키요세(불규칙한 간격으로 배치)

지도리(지그재그)

후키요세루(불규칙한 간격으로 배치한다)

북배치

꽂는 방법 · 끼우는 방법

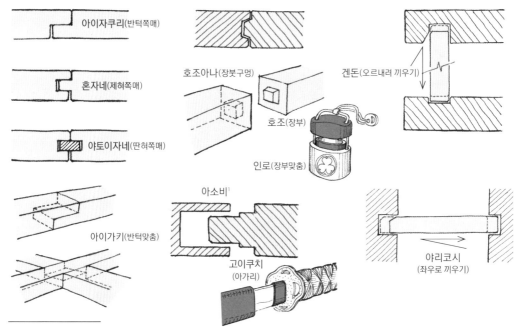

아이자쿠리(반턱쪽매)

겐돈(오르내려 끼우기)

호조아나(장붓구멍)

혼자네(제혀쪽매)

호조(장부)

야토이자네(딴혀쪽매)

인로(장부맞춤)

아이가키(반턱맞춤)

아소비[1]

고이쿠치
(아가리)

야리코시
(좌우로 끼우기)

1 아소비=여유 확보, 나중에 팽창하거나 틀어지더라도 들어가도록 미리 여유를 확보하는 것

재료의 질과 크기

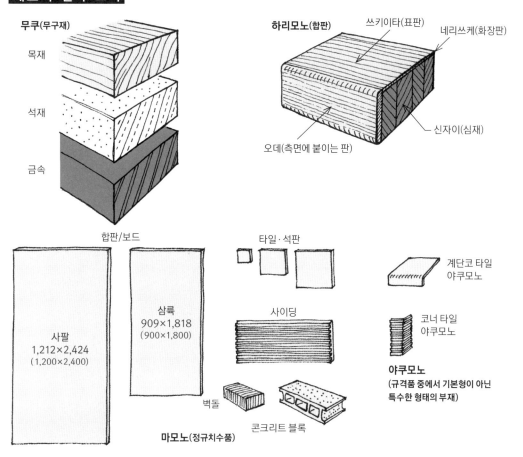

무쿠(무구재)

목재

석재

금속

하리모노(합판)
쓰키이타(표판)
네리쓰케(화장판)
오데(측면에 붙이는 판)
신자이(심재)

합판/보드

사팔
1,212×2,424
(1,200×2,400)

삼륙
909×1,818
(900×1,800)

타일 · 석판

사이딩

벽돌

콘크리트 블록

마모노(정규치수품)

계단코 타일
야쿠모노

코너 타일
야쿠모노

야쿠모노
(규격품 중에서 기본형이 아닌
특수한 형태의 부재)

목재의 표정과 성질

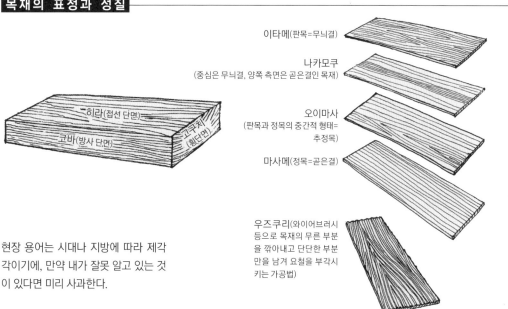

이타메(판목=무늬결)

나카모쿠
(중심은 무늬결, 양쪽 측면은 곧은결인 목재)

오이마사
(판목과 정목의 중간적 형태=
추정목)

마사메(정목=곧은결)

히라(접선 단면)
고구지(횡단면)
고바(방사 단면)

우즈쿠리(와이어브러시
등으로 목재의 무른 부분
을 깎아내고 단단한 부분
만을 남겨 요철을 부각시
키는 가공법)

현장 용어는 시대나 지방에 따라 제각
각이기에, 만약 내가 잘못 알고 있는 것
이 있다면 미리 사과한다.

길을 비켜라!

'쾌걸 조로'는
만만치 않은 상대다

조로(면맞춤)가 반드시 문제를 해결해 주지는 않는다

맞서지 않고 피하거나 도망치는 것은 현명한 선택이며,
비키거나 받아넘기는 것도 매우 우아한 대처법이다.

무리 없고 자연스러운 디테일이란?

"걸레받이는 무엇에 필요하지?"라고 물으면 대부분은 잠깐 생각하다가 "진공청소기에 벽이 손상되지 않도록 보호하기 위해!"라고 대답한다. 그러나 이는 큰 착각이다. 걸레받이는 진공청소기가 발명되기 훨씬 전부터 존재했기 때문이다. 그래서 "그러면 다다미요세[1]는?", "천장 몰딩은?"이라고 질문을 이어 가다 보면 결국 깨닫게 된다. 그렇다. 전부 접합부를 보기 좋게 마무리하기 위한 부재인 것이다.

사람들은 디테일이 중요하다거나 어렵다는 말을 하는데, 디테일 대부분은 부재의 접합부를 '어떻게 마무리할 것인가?'의 문제다. 서로 다른 부재를 접합할 때는 누구나 신중해지겠지만, 같은 부재끼리 접합하는 것은 쉽게 생각하는 사람도 있다. 그대로 맞대거나 맞붙이는 것도 가능은 하다. 다만 같은 부재인 경우도 부재의 크기나 방향이 다를 경우 보기 좋게 접합하려면 주의가 필요하다.

같은 부재라고 해도 단면 부분이 원목재에서 잘라냈을 때의 상태 그대로이거나 미장 공사처럼 마무리에 손이 많이 가는 경우가 많아서 거슬거슬하고 흠집이나 틈새가 가득하다. 이를 그대로 내버려둘 수 없어서 조금 더 품을 들이거나 아예 다른 무언가를 덮어서 감추게 된다. 걸레받이도 크라운 몰딩도 문틀도 사실은 임무를 부여받은 청부업자, 아니 청부 마감재이다. 쉽게 말하면 '은폐 공작'이다.

디테일의 비결은 무리하지 않는 것이다. '디테일을 위한 디테일'에 빠져서는 절대 안 된다. 부재 자체가 아무리 고급이고 값비싸다 해도 마무리가 형편없으면 보기 흉하고 한심해진다. 반대로 아무리 흔해 빠진 싸구려 부재라도 마무리가 깔끔하면 보기 좋을 뿐 아니라 품격마저 느껴진다. 아무 일도 없었다는 듯 태연한 모습은 오히려 '꾸미지 않은 디자인'이라고 해도 무방할 정도다.

---

1 다다미요세: 벽과 다다미 사이에 생기는 틈새를 막는 부재.

은폐 공작을 하는 마감재

걸레받이, 누름대, 문틀…. 이런 것들은 복수의 부재를 접합하는 조인트 부품이라고 할 수 있다.

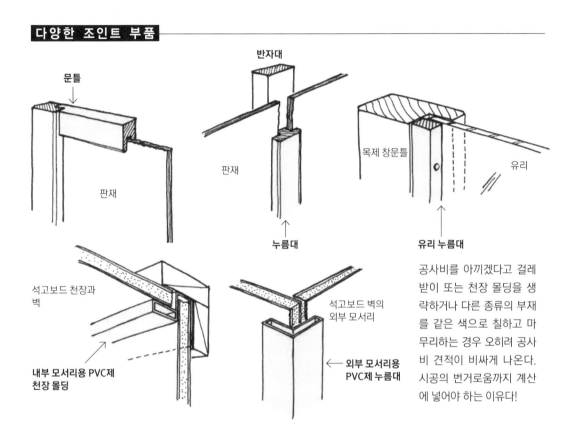

문틀

판재

판재

반자대

판재

누름대

목제 창문틀

유리

유리 누름대

석고보드 천장과 벽

내부 모서리용 PVC제 천장 몰딩

석고보드 벽의 외부 모서리

외부 모서리용 PVC제 누름대

공사비를 아끼겠다고 걸레받이 또는 천장 몰딩을 생략하거나 다른 종류의 부재를 같은 색으로 칠하고 마무리하는 경우 오히려 공사비 견적이 비싸게 나온다. 시공의 번거로움까지 계산에 넣어야 하는 이유다!

눈에 보이는 부분과 눈에 안 보이는 부분

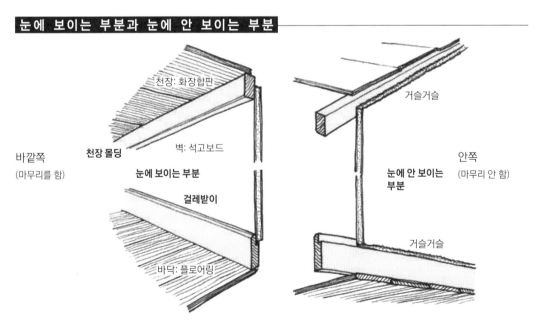

천장: 화장합판

벽: 석고보드

바깥쪽
(마무리를 함)

천장 몰딩

눈에 보이는 부분

걸레받이

바닥: 플로어링

거슬거슬

눈에 안 보이는 부분

안쪽
(마무리 안 함)

거슬거슬

면맞춤은 생각처럼 만만하지 않다

면맞춤을 하면 분명 아름답다. 그러나 준공 당시에는 매끄럽게 맞춰져 있었던 것이
시간이 흐름에 따라 곳곳에 틈새가 생기는 모습을 보고 있으면 그저 서글플 따름이다.

목수를 애먹이는 맞대기

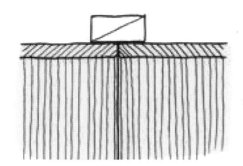 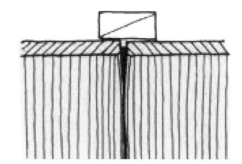

잘라낸 부재는 물론 원목재를 그대로 쓰더라도 단
면 부분이 반드시 반듯한 직선은 아니기 때문에 깎
아서 맞춰야 한다.

최대한 정확하게 맞췄더라도 시간이 흐르면 틈새가
벌어진다. 맞대기를 했다면 틈새가 벌어지는 것은 피
하기 어렵다.

창문틀 모서리의 연귀맞춤

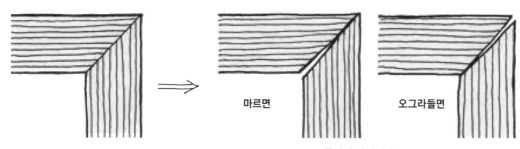

마르면　　　　　　**오그라들면**

틈새가 벌어진다.

면이 있는 창문틀의 면맞춤

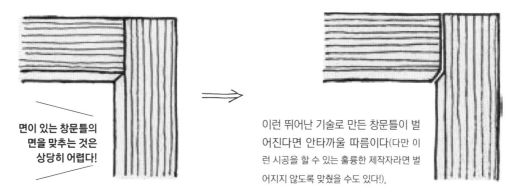

**면이 있는 창문틀의
면을 맞추는 것은
상당히 어렵다!**

이런 뛰어난 기술로 만든 창문틀이 벌
어진다면 안타까울 따름이다(다만 이
런 시공을 할 수 있는 훌륭한 제작자라면 벌
어지지 않도록 맞췄을 수도 있다!).

벌집은 쑤시지 마라

틈새를 만들거나 면을 맞추지 않고 마무리하는 것은 정면충돌을 피하기 위해
의도적으로 비키거나 절충함으로써 무의미한 싸움을 교묘히 회피하는 방법이다.

칠로 마무리

호도(糊塗)라는 말이 있듯이, 칠하기
는 눈속임일 뿐 제대로 된 마무리가
아니다. 아무리 열심히 화장을 해도
언젠가는 정체가 탄로 난다(균열이 생
긴다). 맨얼굴로도 충분하지 않은가?

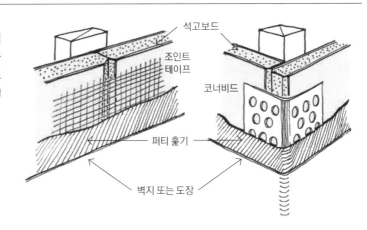

석고보드
조인트
테이프
코너비드
퍼티 훑기
벽지 또는 도장

벽·천장의 틈새와 벽쌤

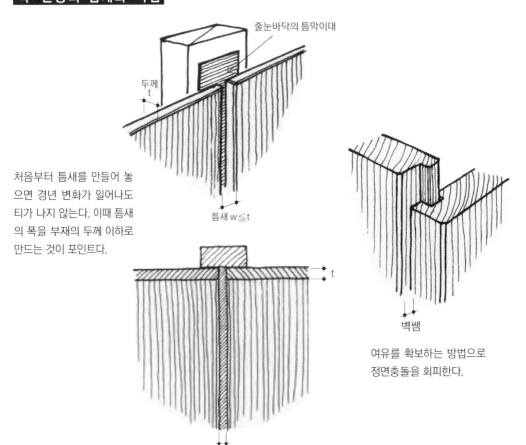

줄눈바닥의 틈막이대

두께
t

처음부터 틈새를 만들어 놓
으면 경년 변화가 일어나도
티가 나지 않는다. 이때 틈새
의 폭을 부재의 두께 이하로
만드는 것이 포인트다.

틈새 w≦t

t

w

벽쌤

여유를 확보하는 방법으로
정면충돌을 회피한다.

숨겨라! 피해라! 받아넘겨라!

허술한 부분은 무리하게 꾸미려고 하지 말고
순순히 회피하는 것이 좋다.

덮어서 마무리한다

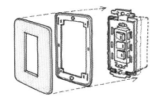

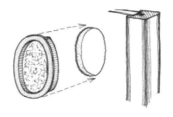

스위치 플레이트는 매입 박스
보다 크다.

끼워서 덮는 방식의 장지문 손잡이

오버카운터 방식의 세면기

기둥·창문틀과 벽의 접합

면맞춤에 너무 집착하지 말고 벽쌤을 두는 편이 좋다. 벽쌤 안쪽에 틈새가
벌어지더라도 줄눈처럼 보일 뿐 눈에 거슬리지 않는다.

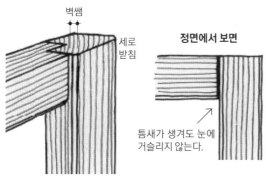

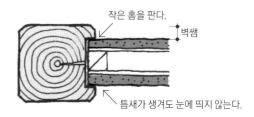

예전에는 처음부터 미장 흙손의 날이 들어갈 정도의
틈새를 띄어 놓기도 했다.

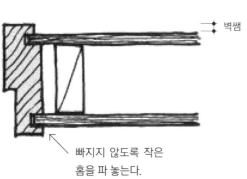

빠지지 않도록 작은
홈을 파 놓는다.

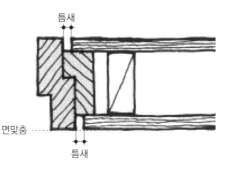

꼭 창문틀과 벽의 면을 맞추고 싶다면 다른 쪽에
틈새를 만들어야 한다.

\ **피하거나 도망치는 것은 현명한 선택입니다!** /

7

건축 현장 반입 매뉴얼
세상만사 여유 있게!

무엇이든 한 치의 오차도 없이 딱 맞도록 설계해서는 안 된다!

그랬다가는 건축 기술자에게 한소리 듣게 된다.

"설계사 양반, 너무 빡빡해서 숨이 막힐 것 같구먼. 여유 좀 주지 않겠소?"

그 가구, 정말로 들어갈까?

주택을 준공하고 인도도 마친 다음 날, 건축주에게 전화가 왔다. "이거 어떻게 된 겁니까? 지금 이사 중인데, 냉장고가 주방에 안 들어가잖아요!" 종종 일어나는 촌극이다. 아니, 웃을 일이 아니다. 즉시 현장으로 달려간다. 현장으로 향하는 도중, 오만 생각이 머릿속을 스쳐 지나간다. 뭐라고 변명을 해야 하나…. 아니지, 먼저 진지하게 사과부터 해야 해. 이건 변명의 여지가 없다고. 그건 그렇고, 나도 참 큰 실수를 저지르고 말았군. 이걸 어쩌나….

설계도는 예정도다. 그리고 모든 일이 예정대로 진행될 것이라는 생각은 버려야 한다. 도면상으로 냉장고가 딱 들어가는 것은 먼저 냉장고를 그곳까지 운반할 수 있다는 대전제를 통과했을 때의 이야기이다. 냉장고를 들여놓을 때 벌어진 웃지 못할 촌극은 주택의 설계·감리에서 반드시 생각해야 할 중요한 문제를 상징한다.

가령 공사 현장에 반입되는 대표적인 물건 중에 빌트인 가구(커스텀 가구)가 있다. 빌트인이라고 하지만 현장에서 처음부터 제작하는 것이 아니라 대부분 공방에서 만든 다음 가지고 들어온다. 바닥부터 천장까지 가득 차는 책장은 뉘어서 방으로 가지고 들어오더라도 똑바로 세울 수가 없다. 빌트인 가구의 경우 길이도 신경 쓰는 편이 좋다. 설계도에서는 공간이 허용하는 한 얼마든지 길게 그릴 수 있지만, 8자(2,400밀리미터)가 넘는 재료는 특별 주문을 해야 한다. 또한 2칸(3,600 밀리미터)이 넘는 부재는 반입할 때 코너를 돌지 못할 수 있다. 그 밖에도 건물이 밀집한 시가지에서 긴 철골 기둥이나 커다란 통유리를 사용하도록 설계한다면 반입이 불가능할 뿐만 아니라 애당초 현장에 크레인이 들어가지 못하기 때문에 공사비 견적을 거부당하는 사태가 벌어진다. 그러니 다음 '건축 현장 반입 매뉴얼'을 먼저 참고하기 바란다.

이런 일은 거의 일어나지 않지만…

주택에 반입되는 대형 가구

먼저 가구·가재도구의 크기를 확인해 두자.
공사 현장에 반입되는 빌트인 가구에도 주의가 필요하다.

특히 골치 아픈 것이 냉장고

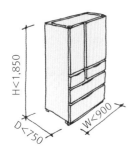

최근에는 안길이조차 700밀리미터가 넘는 대형 냉장고도 있다. 그러므로 실외에서 주방으로 반입하는 경로는 전부 유효 폭 750밀리미터 이상을 확보해 두는 것이 좋다(입구의 문은 이사업자가 떼어낸다).

그 밖의 거치 가구는 대부분 안길이가 700밀리미터 이하다.

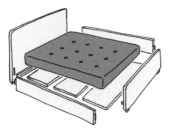

침대는 분해할 수 있으므로 걱정하지 않아도 된다.

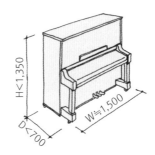

피아노(업라이트)도 안길이는 700밀리미터 이하다. 다만 피아노를 위층에 놓을 경우 주의가 필요하다. 계단을 통해 올리기 어려우므로 크레인을 이용해 창문으로 반입하는데, 발코니의 난간이 방해가 될 수 있다.

바닥부터 천장까지 가득 채우는 책장

위아래를 분리할 수 있도록 디자인하거나, 천장 높이보다 조금 낮게 만들고 윗부분을 필러로 메우거나, 아래 받침대를 현장에서 끼워 넣는다. 필러나 받침대는 현장에서 수평과 수직을 확인하면서 깎는다.

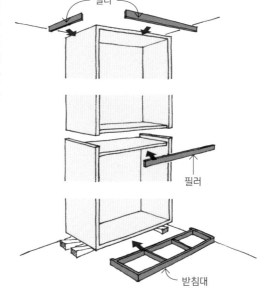

필러의 크기는 당신의 소심함과 비례하고 도전 의욕과 반비례한다(내 경우는 소심한 탓에 필러가 크다).

벽 사이에 끼워 넣는 가구

양쪽 벽 사이에 붙박이장이나 세면대 등을
딱 맞춰서 끼워 넣도록 설계할 때도 주의할 점은 같다.

좌우의 틈새를 메우는 방법

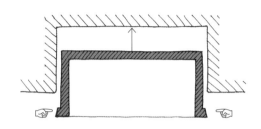

여유 공간
여유 공간
필러   필러

전체의 폭을 약간 작게 만든 본체를 벽 사이에 끼워
넣은 다음, 좌우의 틈새를 필러로 메운다.

또는 측판의 끝부분을 미리 두껍게 만들어 놓았다가
현장에서 깎아내 폭을 맞춘다.

걸레받이

그렇게 해도 상판과 벽 사이에 틈새가 남아서 나중에
걸레받이를 붙이거나 실링재로 메울 수 있다.

천장과 벽의 틈새

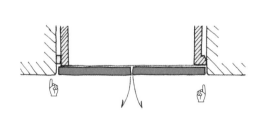

섬세한 제작자는 그런 틈새들이 감춰지도록 아웃도
어 문짝을 크게 만들어 달아 준다.

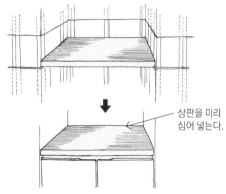

상판을 미리
심어 넣는다.

그런 식으로 마무리하면 모양새가 흉해서 싫다는 사람
은 벽 바탕을 시공하는 동시에 상판만 먼저 심어 넣도
록 현장 감독, 가구 제작자, 목수와 미리 의논해 놓는
다. 이는 반입이라기보다 설치에 가깝다.

미닫이문을 설치하는 법

빌트인 가구 외에 창호도 반입된다.
창호를 설계할 때도 반입에 지장이 생기지는 않을지 주의해야 한다.

문짝의 폭은 문틀의 유효폭보다 크다

미닫이문은 닫힌 상태에서도 가장자리 부분이 두껍닫이 안에 약간 들어가 있도록 만들어야 한다. 도면에서는 이 부분까지 확실히 그리고 있을 거라 생각한다. 그래서 문짝 폭이 문틀의 유효 폭보다 커지기에 일단 틀을 설치한 뒤에는 끼워 넣을 수가 없다. 이 문제를 어떻게 해결할지 사전에 생각해 놓는 것이 설계의 필수 사항이다. 이를 해결하는 방법에는 몇 가지가 있다.

두껍닫이 쪽의 문틀 중 한쪽의 폭을 넓게 만든다.

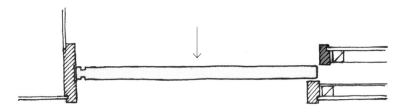

두껍닫이 쪽 문틀 중 한쪽을 탈부착이 가능한 구조로 만든다.

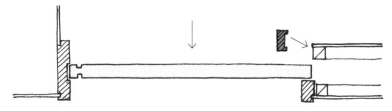

문의 손잡이를 문짝 설치 후에 부착한다.

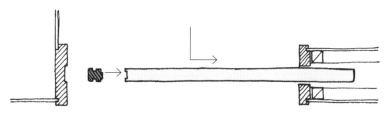

문짝을 비스듬하게 끼워 넣을 수 있는 행거 레일을 사용한다.

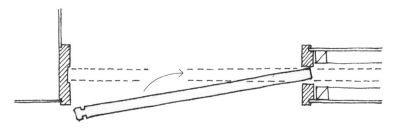

주택 내부에서 움직이는 가구는 대부분 창호다. 각종 금속·목재 창호뿐만 아니라
찬장의 문이나 점검구의 뚜껑 등도 함께 생각하자.

개구쟁이 자녀를 지켜보는 어머니처럼

창호와 그 궤도는 개구쟁이 아이와도 같아서, 좀처럼 생각대로 움직여 주지 않는다.
그런 점을 이해하고 어머니처럼 지켜봐 줘야 한다.

여유 확보와 여유 틈새

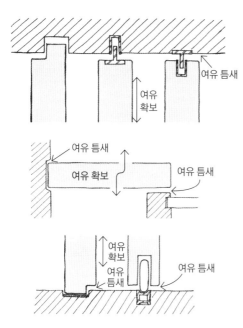

창호 자체가 틀·홈·레일에 딱 들어맞으면 마찰 때문에
움직이지 않으므로 처음부터 조금 여유 있게 설치한다.
창호가 변형되거나 어긋날 것을 미리 예상하고 대비하는
것이 여유 확보(아소비)이고, 움직이지 않게 되는 상황을
회피하는 것이 여유 틈새(니게)다. 창호가 매끄럽게 움직
이려면 이 둘의 협력이 반드시 필요하다.

창호가 휘거나 수축하는 것을 "날뛴다"라고 표현하는 것
도 의미가 깊다. 어디까지 날뛸 수 있게 할지는 설계자의
역량이다. 너무 엄하게 단속하면 틀어박혀서 나오지 않을
것이고, 너무 관대하게 풀어 주면 탈선해 버릴지도 모
른다.

잠금쇠

한편, 어머니는 언제든 아이를 붙잡을 수 있도록 대비하고 있어야 한다.
그것이 잠금쇠다.

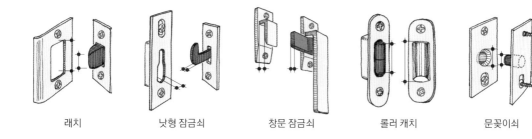

| 래치 | 낫형 잠금쇠 | 창문 잠금쇠 | 롤러 캐치 | 문꽂이쇠 |

아이는 순순히 어머니의 품으로 들어가지 않으므로, 양팔을 펼치고(여유 공간을
확보하고) 기다린다. 받이판 구멍을 '바보 구멍'이라고 부르지만, 오해하지는 말
자! 어머니는 절대 바보가 아니다.

이 정도는 외워 놓자!
건축 현장 용어
사람·행동·관례 편

건축 기술자들에게 경의를, 고사는 엄숙하게

관례는 시나리오라고 생각하고 암기하면 절대 귀찮지 않고, 오히려 즐거운 일이 된다.
자, 그러면 당장 외워 버리자!

도편수는 무네하리가 아니다

어느 건축 현장 상량식에서 사회를 맡은 젊은 현장감독 보조가 "그러면 지금부터 목수인 무네하리[1] 씨께…"라고 말하는 바람에 주위를 웃음바다로 만들었다. 덕분에 상량식이 화기애애한 분위기 속에서 진행되었으니 해피엔딩이라고 해야 하려나? 다행히 목수 리더에게 직접 "무네하리 씨"라고 말한 것은 아니었다.

건축 현장은 다양한 분야의 전문가가 참가하는 분업인 동시에 연계 플레이이며, 결국은 팀플레이다. 각 방면의 전문가가 각자 맡은 일을 처리하면서 준공을 향해 하나가 되어 나아간다. 목표 달성을 위한 가장 중요한 멤버인 건축 기술자들에게 경의를 표하는 것은 당연한 일이다. 이는 그들을 부르는 명칭에서도 나타난다.

비계공의 리더는 가시라(頭).

목수의 리더는 도료(棟梁).

그 밖의 직종 리더는 오야카타(親方).

비계공도 목수도 미장도 현장에 가지고 오는 것은 자신들의 도구뿐이며, 현장에 건축 재료를 준비해 놓는 것은 시공 회사의 현장 감독이 해야 할 일이다. 현장 감독은 건축 기술자들이 현장에서 기분 좋게 자신의 실력을 발휘할 수 있도록 부지런히 준비한다. 설계 사무소의 현장 담당자도 이 점을 명심하고 시공 도면의 검토나 접합 방식의 결정, 샘플 선정 등을 신속하게 진행해야 한다. 그리고 현장에서 질문이 들어오면 그 자리에서 대답하는 것이 원칙이다. 건축주의 의향을 꼭 확인해야 한다면 "언제까지 답변해 드리면 될까요?"라고 확인하는 것이 설계자의 성의다. 매번 사무실로 돌아가 소장에게 의견을 구한다면 그것은 전서구일 뿐 현장 담당이라 말할 수 없다.

지진제나 상량식 등의 고사도 중요하다. 현장에서 가장 경계해야 할 것은 부상과 사고다. 그러므로 건축 기술자들이 안전을 기원하는 고사를 지내는 것은 당연한 일이라 할 수 있다. 절대 고사를 소홀히 하지 않도록 주의하자. 늘 그렇지만, 현장 용어는 시대나 지방에 따라 제각각이기에 만약 내가 잘못 알고 있는 것이 있다면 미리 사과한다.

---

1 목수의 리더(도편수)를 일본어로 도료(棟梁)라고 하는데, 헤이안 시대의 귀족이며 시인인 아리와라노 무네하리(在原棟梁)와 한자가 같다. 이 때문에 착각한 것으로 보인다.

준공을 위한 팀의 주전 멤버!

현장에는 다양한 건축 기술자들이 드나든다.
그들은 자신이 맡은 공사를 수행할 뿐만 아니라 연계 플레이도 펼친다.

비계공 ────────────── **목수** ──────────────

가시라   견습 목수   청년 목수   도료

각 분야의 쟁쟁한 건축 기술자들 ──────────────

클리닝 전기 설비 내장 창호 도장 미장 펌프 철근 형틀 목수 감독 설계자

현장 감독은 알선자

건축 현장에서는 현장 감독이 지휘를 한다. 다만 명령만 하는 것은 아니다.
도급직(하청직)을 위해 허드렛일을 할 때 비로소 현장에 연대감이 형성된다.

현장의 휴식

10시 흡연 시간이나 오후 3시 커피 타임도 현장 감독이 신경을 써야 한다.

현장 감독

점심 먹고 하지요!

낮잠은 중요하다.

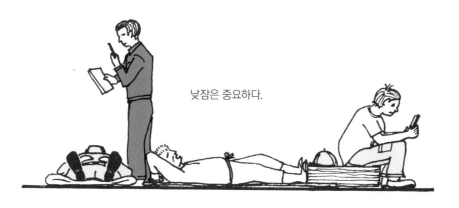

이 정도는 기억해 놓자 — 지진제

근거는 명확하지 않지만, 지진제는 오전 중에 하는 것이 좋고, 육요[1] 중에서
대안, 선승, 우인이 선호되며, 불멸과 선부는 기피된다.

제단은 동향이나 남향

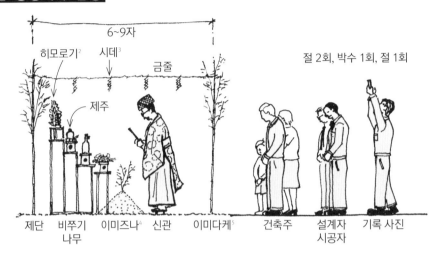

6~9자

히모로기[2] 시데[3] 금줄

제주

절 2회, 박수 1회, 절 1회

제단 비쭈기나무 이미즈나[4] 신관 이미다케[5] 건축주 설계자 시공자 기록 사진

지진(地鎭) 의식

에잇 설계자 에잇 건축주 에잇 시공 대표

낫질 예식 가래질 예식 괭이질 예식

비쭈기나무 바치기

하스호료(初穂料)와 시즈메모노(奉鎭)

건축주가 신사에 바치는 돈. '사례금'이라고 하지 않는다.

토지신에게 바치는 공물. 신사에서 준다.

---

1 육요: 길흉을 점칠 때 사용하는 일본의 역주(曆註). 선승(先勝, 센쇼), 우인(友引, 도모비키), 선부(先負, 센푸), 불멸(仏滅, 부쓰메쓰), 대안(大安, 다이안), 적구(赤口, 샷코)의 순서로 반복된다.
2 히모로기: 신사 이외의 장소에서 제사를 지낼 때 임시로 신사 역할을 대신하기 위해 놓는 작은 나무.
3 시데: 번개 모양으로 접어서 금줄에 붙이는 종이. 사악한 존재를 몰아낸다는 의미가 담겨 있다.
4 이미즈나: 지진제를 위해 모래를 원뿔 모양으로 쌓은 것.
5 이미다케: 제사를 지낼 때 부정을 막기 위해 정결한 장소에 세우는 대나무.

이 정도는 기억해 놓자 — 상량식

이것도 근거는 명확하지 않지만,
24절기의 삼린망(三隣亡) 에는 상량식을 피한다.

도료를 따라서 신에게 기원한다

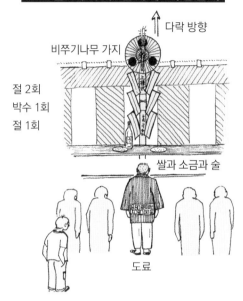

다락 방향

비쭈기나무 가지

절 2회
박수 1회
절 1회

쌀과 소금과 술

도료

축의금(御祝儀)

건축주가 도료를 통해 건축
기술자들에게 주는 축의금.
'사례금'이라고 적어도 된다.

사방 정화

무사히 마룻대가 올라간 것을 축하
하고 건물이 계속 튼튼하게 지어지
기를 기원하며 네 모서리의 기둥에
술, 소금, 쌀 등을 바친다.

콩
콩
콩

북
서 동
남

축연·가시라의 노동요·박수·축의금 전달

상량을 축하하는 잔치지만, 동시에
건축 기술자들의 노력을 치하하고
앞으로 공사 중에 사고가 일어나지
않기를 기원하는 자리이기도 하다.

엔야~

---

1 삼린망: 1·4·7·10월의 돼지날, 2·5·8·11월의 호랑이날, 3·6·9·12월의 소날을 가리키는 말. 이날 건축을 하면 불이 나서 이웃집 세 채를
불태운다고 전해진다.

매뉴얼·오토매틱·자동 제어

현재 나는 자전거를 한 대 소유하고 있을 뿐, 자가용이 필요 없는 생활을 하고 있다. 이미 수년 전부터 운전을 한 적이 없다. 나이와 유지비, 사고 위험 등을 생각해 운전면허를 반납할까 생각도 했지만, 그래도 아직 반납까지는 하지 않고 있다. 한 가지 가능성을 포기할 수 없기 때문이다.

지금 같은 생활을 계속하다 보면 언젠가 자전거도 탈 수 없는 날이 찾아올 것이다. 그런데 어쩌면 그때쯤에는 비상자동제동장치 정도가 아니라 완벽한 자율주행 자동차가 실현될지도 모른다. 완벽한 자율주행 자동차는 틀림없이 편리할 것이며, 늙은 내가 탄다 한들 누구도 걱정하지 않을 것이다. 택시나 버스보다 더 안전한 자동차에 나 혼자 (다른 사람의 도움을 받아서) 승차했을 테니 걱정할 필요가 없다. 그러나 조금은 서글픈 기분도 든다. 그것은 이미 내가 운전을 한다고 말할 수 없는 상황이기 때문이다.

내가 운전면허를 취득한 대학생 시절에는 가속 페달과 브레이크, 클러치라는 세 가지 페달이 있는 이른바 수동 변속기 자동차밖에 없었다. 클러치 페달을 밟음으로써 엔진과 구동 서스펜션이 분리되는 것을 몸이 기억했다. 아버지가 자동차 엔지니어였던 까닭에 클러치 정도가 아니라 독립 현가장치나 차동 기어의 구조까지 이해하고 있었다. 그런 나도 처음에는 당연히 수동 변속기 자동차를 탔지만 자동 변속기 자동차로 바꾼 뒤로는 계속 자동 변속기 자동차만 타게 되었다. 훨씬 편했기 때문이다. 자동차 운전의 참맛은 줄어들었지만 그래도 내가 운전을 하는 것에는 변함이 없었다.

건축학과에 다닐 때는 손으로 그린 원안을 과제로 제출해야 했다. 잉킹펜이나 색연필, 그림 도구, 마커, 실을 사용해 그린 다채로운 도면을 한 부 제출하고 평가를 기다렸다. 설계 사무소에 취직한 뒤로는 평행자와 각도자를 사용해 연필로 도면을 그렸다. 트레이싱지에 그렸다가 지우고 다시 그리기를 반복한 흑백 도면을 암모니아 냄새가 나는 등사기로 복사해 제본했다. 독립한 뒤에도 한동안 계속 손으로 도면을 그렸다. 자동차 운전에 비유하면 수동 변속기 자동차를 운전했던 것이라고 할 수 있으리라.

그러다 40세 무렵에는 막 보급되기 시작했던 컴퓨터를 사용했다. CAD 소프트웨어로 도면을 그려 보니 이보다 더 편리할 수가 없었다. 얼마 안 가 설계 사무실의 제도판과 평행자는 창고에 처박히는 신세가 되었다. 자동 변속기 자동차로 바꾼 셈이라고나 할까? CAD 소프트웨어는 점점 진화해, 새로운 버전이 속속 등장했다. 처음에는 그때마다 기꺼이 고가의 신 버전을 구입했지만, 언제부터인가 사지 않게 되었다. 새 버전을 구입할 필요를 느끼지 못하게 된 것이다.

그런데 작년에 컴퓨터가 고장 나는 바람에 손으로 도면을 그릴 수밖에 없는 상황이 되었다. 그래서 건축사 자격시험에 합격한 제자로부터 평행자가 딸린 작은 제도판을 양도받아 그려 봤는데, 나도 놀랄 만큼 쓱쓱 그릴 수 있었다. 이것도 자전거나 스케이트처럼 일단 몸이 방법을 익히면 잊어버리지 않는구나! 하는 생각이 들었다.

요즘 학생이나 젊은 건축 설계자는 철이 들었을 무렵부터 휴대폰과 컴퓨터가 있는 환경에서 성장했고, 도면은 물론 CAD로 그려 왔을 것이다. 건축 회사에 취직한 제자들의 이야기를 들어 보니, 자사의 소프트웨어로 평면도를 그리면 자동으로 단면도와 입면도가 완성된다고 한다. 자율주행 자동차의 조종 시스템보다 주택 설계 시스템이 한 발 앞서 나가고 있는지도 모른다. 부지와 가족 구성과

예산을 입력하면 그에 맞는 주택 설계도를 자동으로 출력하게 될 날도 머지않은 듯싶다.

다만 나는 그것을 '설계'라고 부르고 싶지는 않다.

애당초 주택설계란 이런 것이야

설계의
핵심

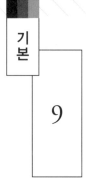

여닫이문은 닫아라!
미닫이문은 열어라!

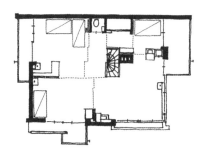

2F PLAN Schröder House

미닫이문은 '공간 변모 장치'다

여닫이문도 미닫이문도 전부 문이라는 점에서는 차이가 없다.
그러나 맡은 역할에는 큰 차이가 있다.

미닫이문에 매료되어서

나와 같은 세대라면 여닫이문=서양식, 미닫이문=전통식이라는 이미지가 있었을 것이다. 열고 닫을 때마다 삐걱거리는 미닫이문 집에서 살다가 경쾌하게 닫히는 여닫이문 집으로 이사를 갔을 때는 마치 신세계에 온 것 같은 기분이 들었을 것이다. 그러나 그것도 이제는 옛날이야기가 되었다. 지금은 여닫이문과 미닫이문을 적재적소에 사용할 수 있게 되어 그저 기쁠 따름이다.

미국의 서해안에서 활약한 오스트리아 출신 건축가 루돌프 쉰들러는 서양인이면서도 누구보다 먼저 미닫이문의 합리성에 주목하고 자신의 작품에 적극적으로 도입한 인물이다. 아! 네덜란드 건축가인 헤리트 토마스 리트펠트와 그의 명작 리트펠트 슈뢰더 하우스도 잊어서는 안 된다. 그들의 작품을 보면 알 수 있듯, 그들은 공간 구성을 쉽고 간단하게 바꿀 수 있는 장치가 되어 주는 미닫이문에서 유효성을 발견했다. 그렇게 편리한 미닫이문을 효과적인 공간 구성에 사용하지 않을 이유가 어디에 있겠는가?

여닫이문이 주류였던 서양에서 미닫이문의 합리성에 주목하고
적극적으로 도입했던 건축가들

Rudolph
Michael
Schindler

Schröder House

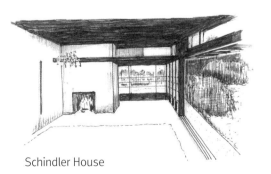

Schindler House

Gerrit
Thomas
Rietveld

열어 놓아도 좋고, 열어 놓지 않아도 좋다!

기본적으로 닫아 놓는 것이 사명인 여닫이문과 달리,
미닫이문은 닫아 놓아도 되고 열어 놓아도 되는 합리적인 창호다.

여닫이문과 미닫이문의 특징

미닫이문은 직선 궤도를 그린다.　　　여닫이문은 1/4원 혹은 반원의 궤도를 그린다.

열고 닫는 데 필요한 공간은 미닫이문이 작다. 개폐 방향의 경우도 여닫이문은 전후좌우에 걸리는 것이 없는지 확인해야 하지만 미닫이문은 좌우만 신경 쓰면 된다. 미닫이문 쪽이 더 원활한 통행이 가능하다고 할 수 있다.

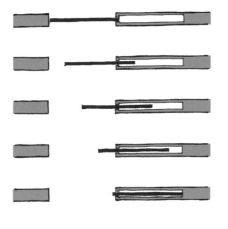

닫아 놓는 것이 기본인 여닫이문과 달리 미닫이문은 열어 놓는 정도를 자유롭게 조정할 수 있다. 미닫이문을 얼마나 열어 놓을지는 당신의 자유다.

여닫이문은 본래 방 안을 향해 열리도록 만드는 것이 원칙이지만, 화장실에서는 문제가 발생한다.

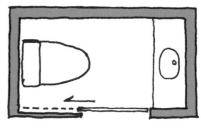

그래서 미닫이문을 설치하고 싶지만, 미닫이문의 차음 성능은 여닫이문에 비해 불안감이 있다.

여닫이문과 미닫이문의 활용법

이렇게 보면 미닫이문이 더 우수한 것 같지만…
미닫이문은 방음·차음에 문제가 있다.

문의 차음 대책

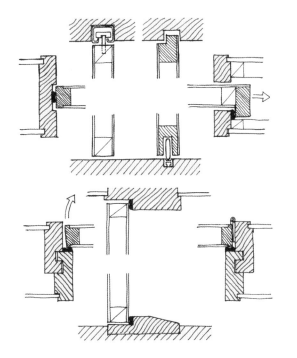

미닫이문은 위아래 끝부분의 기밀성(에어타이트)을 확보하기가 어렵다. 기밀성을 확보하면 열고 닫기가 힘들어지기 때문이다.

여닫이문의 경우 세 방향에 도어실(문지방)을 설치하면 사방의 기밀성을 확보할 수 있다.

미닫이문을 디자인할 때의 요령

미닫이문을 '움직이는 벽'으로 삼고 싶다면 당연히 천장까지 가득 채우는 높이로 만드는 것이 좋다.

치마벽의 크기

사람의 눈은 천장의 고저를 측정할 때 무의식 중에 치마벽의 길이를 기준으로 판단한다.

치마벽 없음

치마벽을 아예 없애 버리면 천장이 높은지 낮은지 곧바로 파악이 안 된다. 그리고 그런 것에 연연하지 않게 된다.

공간 구성을 바꾸는 미닫이문들

열어 놓느냐 닫아 놓느냐에 따라 동선과 공간이 변화하는 미닫이문은
'움직이는 벽'이라고 해도 과언이 아니다.

미닫이문은 움직이는 벽이다

유명 건축가인 요시무라 준조는 거실과 주방 사이에 미닫이문을 2~3짝 설치하는 방식을 즐겨
사용했다. 거실에서 손님을 응대할 때는 미닫이문을 닫아 놓았다가, 테이블 세팅이 끝나면 천
천히 문을 벽으로 밀어 넣으며…

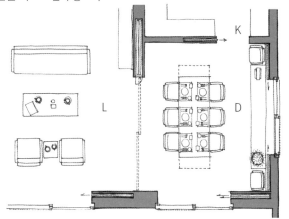

"자, 식사가 준비되었습니다!"
언제 봐도 극적인 연출이다. L(거실)과
D(식당)가 순식간에 LD로 변신하고,
손님이 식탁으로 이동한 뒤에 다시 미
닫이문을 닫으면 D 안에서 차분하게
식사할 수 있다.

미닫이문은 거실과 식당 외에도 다양한 방의 공간 구성을 바꿀 수 있다.

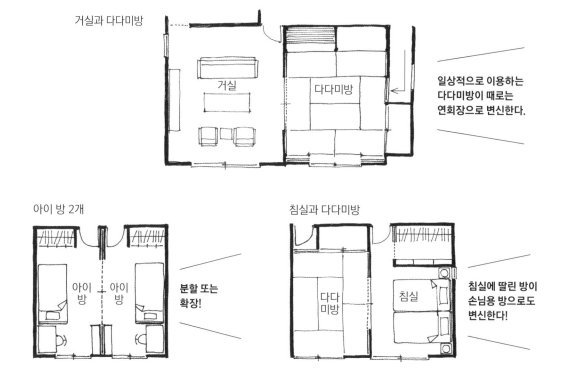

거실과 다다미방

**일상적으로 이용하는
다다미방이 때로는
연회장으로 변신한다.**

아이 방 2개

**분할 또는
확장!**

침실과 다다미방

**침실에 딸린 방이
손님용 방으로도
변신한다!**

미닫이문이 동선을 바꾼다

각 방의 관계 다이어그램은 미닫이문을 여느냐 닫느냐에 따라 그 양상이 달라진다.
과거 일본의 집들은 창호를 이용해 공간을 나눴다.

미닫이문을 통해 연결되는 다이어그램

미닫이문을 여느냐 닫느냐에 따라 공간 구성이 바뀌는 모습을 다이어그램(114페이지 참조)
으로 나타내면 주택 내부의 동선이 다양하게 변화함을 깨달을 수 있다.

이웃한 공간을 연결하면…

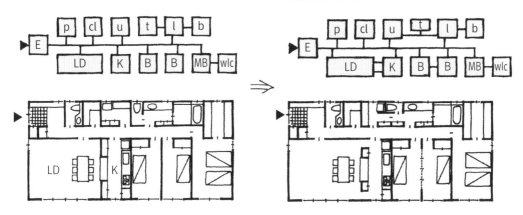

르코르뷔지에가 어딘가에서 "사람의 다리가 곧 공간이다"라고
말했던 것 같은데, 정말 그렇게 말했다면 명언이다.

본래 일본의 집은 창호를 이용해서 공간을 나눴다

목욕탕

취사장

모리 오가이, 나쓰메 소세키가
살았던 센다기의 집(1887년경)

본래 일본 주택에서는 맹장지문이
나 장지문을 열고 닫거나 때로는 떼
어냄으로써 자유자재로 공간 구조
를 변화시키는 것이 당연한 일이었
다. 돌고 돌아서, 미닫이문의 기원
은 역시 일본이었던 것이다!

창의 기본은 미서기

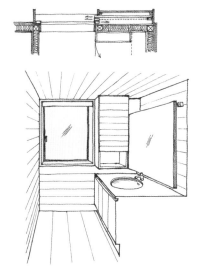

화려한 방식의 창들에 현혹되지 마라!

집 한 채에서 창을 여닫는 방식의 가짓수가 늘어나면
창을 열고 닫을 때마다 순간적으로 혼란에 빠지고 만다.

평범한 미서기창이면 안 되는 건가?

창의 개폐 방법에는 다양한 선택지가 있다. 미서기 이외에 외미닫이, 밖으로 열기, 안으로 열기, 오르내리기, 프로젝트창, 고정창, 천창…. 정말로 다양하다. 새시 카탈로그를 보고 있기만 해도 재미있을 정도다. 다만 잠시 생각해 보자.

설계 사무소에서 일한 지 3년째에 처음 산장의 설계를 맡은 나는 모든 창문을 벽 속에 집어넣으려 했다. 그런 다음 소장님에게 실시 설계도 검토를 부탁했는데, 소장님은 세면장 전개도를 보면서 내게 "이 창은 안 열리는 건가?"라고 물었다. 나는 즉시 "고정창처럼 보이지만, 사실은 창틀이 숨어 있는 미닫이창입니다!"라고 대답했다. 당시 막 익힌 기법이었다. 그러자 소장님은 웃으면서 "하지만 여긴 세면장이잖나. 경치가 좋은 방향도 아닌데, 평범한 미서기창이면 안 되는 건가?"

나는 아무 말도 하지 못했다. 소장님의 반응에 실망해서가 아니다. 무엇인가에 홀려 있다가 제정신이 돌아온 것 같은 기분이 들었기 때문이다.

물론 모든 외부 개구부에는 미서기창이면 충분하다, 다른 유형의 창이 필요 없다고 하는 말은 아니다. 각각의 위치에 적합한 것을 선택해야 함은 군이 말할 필요도 없다. 다만 한 채의 집에 쓸데없이 많은 개폐 방식의 창을 선택하는 것은 피하는 편이 바람직하다. 미서기창으로 충분한 곳은 복잡하게 생각하지 말고 미서기창을 선택하면 개폐 방식의 종류를 놀라울 정도로 줄일 수 있다. 천창 등에 고정창을 채택하더라도 많아야 네 종류 정도로 자제하는 것이 좋다.

외부 개구부를 설계할 때 열의만 앞세워서는 안 된다. 과부족을 확인하면서 집 한 채의 모든 창을 안배하는 냉정함이 필요하다. 이는 데이트할 때 주머니 사정을 생각하면서 데이트 코스를 정하는 당신의 심정과 같을 것이다.

창의 사명과 두 가지 책임

창의 사명은 시인(視認)·채광·통풍이지만, 그것에 앞서
방충(방충망)과 청소(창 닦기)라는 두 가지 책임도 지고 있다.

프로젝트창의 고육지책

먼저, 주택에서 자주 사용되는 프로젝트창은 어떨까?

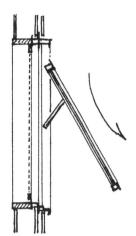

프로젝트창

통풍이 편리한 프로젝트
창은 바깥으로 밀어서
열기에 방충망을 안쪽에
설치한다. 그래서 여닫
을 때나 창을 닦을 때 이
방충망이 방해가 된다.

캠래치식

먼저 방충망을 연 다음 핸들을 밀어서 연다.

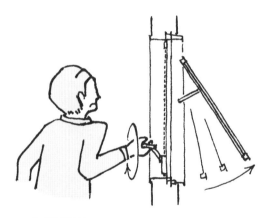

오퍼레이터식

오퍼레이터를 빙글빙글 돌린다.
역시 창을 닦으려면 방충망을
떼어내야 한다.

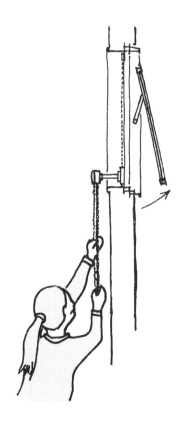

체인 오퍼레이터식

높은 창에는 이 방식이 많다. 이것도
창을 닦으려면 방충망을 떼어내야
한다. 반투명 유리창이라면 창을 닦
는 빈도가 줄어들어서 괜찮을지도
모른다.

외미닫이창이라면 괜찮을까?

미서기창보다 깔끔해서 인기가 많은 외미닫이창.
한쪽은 고정이고 다른 한쪽만 열리는 까닭에 창틀이 적어 깔끔해 보이는 것이 특징이다.

외미닫이창의 고충

1층의 낮은 창이라 밖에서 닦을 수 있다면 모를까, 창틀에 걸터앉아 닦으려고 하면 고정창 부분의 바깥쪽은 닦을 수가 없다.

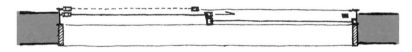

또한 손가락이 끼는 사고를 방지하기 위해 최대한 열어도 창틀이 겹치지 않도록 만들면 바깥쪽에 다는 방충망의 폭이 줄어들고 창틀이 가지런히 모이지 않게 된다.

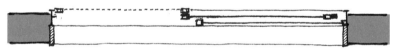

그래서 안쪽에 방충망을 달게 되는데, 이 경우는 창문을 열 때마다 먼저 방충망을 열어야 한다.

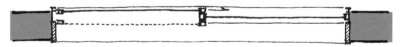

한 가지 더. 미닫이창이 안쪽으로 오도록 만든다면 좋을까, 별로일까?

미서기창이라면 That's all right!

유리 부분도 방충망도 그저 옆으로 밀면 되는 단순명쾌한 움직임.
열고 닫을 때 방충망이 방해되는 일도 없고 떼어내는 수고도 필요 없는 것이 미서기창이다.

미서기창의 구조

창틀이 가지런히 모인다.

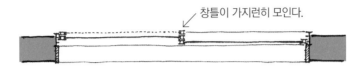

방충망은 좌우 어느 쪽에 설치해도 무방하다.

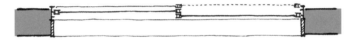

왼쪽 창을 열든 오른쪽 창을 열든 상관없다.

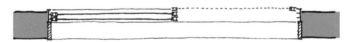

미서기창의 우수함이라기보다 자연스러움,
무난함을 새삼 깨닫는다.

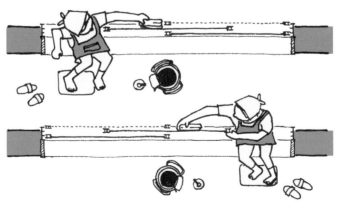

창틀에 걸터앉아 유리창 바깥쪽까지 확실히 닦을 수 있다.
신이 나서 닦다가 창밖으로 떨어지지 않도록 주의하자!

창은 크게! 수는 적게!

개폐 방식의 가짓수를 줄이는 김에 주택 한 채의 창의 총수도 줄어야 한다고 주장하고 싶다.
작은 창이 많다고 해서 반드시 집 안이 밝아지는 것은 아니다.

작은 창이 많은 것은 난센스

같은 액수라면 동전보다 지폐로 소유하고 싶은 것
이 사람의 심리다. 이는 창도 마찬가지다. 같은 유리
면적을 확보한다고 가정했을 때, 작은 창을 많이 설
치하는 것은 합리적이지 못하다. 공사비만 더 들고
창을 여닫는 번거로움도 커질 뿐이다.

창은 한 층당 10곳 이내로

4인 가족의 표준인 2층 주택이라면 창은 한 층당 10곳 이내로 정리된다.

작은 창으로 보완한다

그렇다고 지갑 속에 지폐만 잔
뜩 있고 동전이 전혀 없다면
불편한 법이다. 즉 큰 창만으
로 방 전체를 밝게 만들 수 있
는 것 또한 아니다. 대개는 대
각 방향 구석이 조금 어둡기
때문에, 이 부분은 작은 창으
로 보완하는 것이 합리적이다.

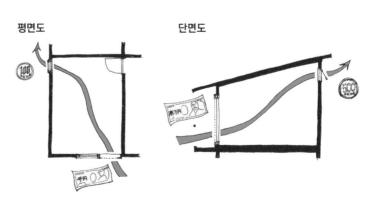

방의 창은 대각선상에 배치한다! 노파심에서 덧붙이면,
여기에서 대각선상은 평면뿐만 아니라 단면에도 적용된다.

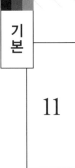

네 멋대로 해라

집 곳곳에는 여러 가지 '관례'가 존재한다

그중에 먼저 알아 둬야 할 것은 여닫이문이 열리는 방향,
미서기문의 창틀을 끼우는 방향이다.

관례를 따르는 것이 가장 무난하다

〈네 멋대로 해라〉[1]는 프랑수아 트뤼포와 장 뤽 고다르가 만든 굉장히 정신없는 프랑스 영화다. 대배우 장 폴 벨몽도가 주연을 맡았다. "멋대로 해라.", "제멋대로인 녀석"이라는 표현 때문에 '멋대로=버릇없음'이라는 인식이 있지만, 이는 오해다. 자기주장을 밀어붙이기만 하는 사람은 '제멋대로'이지만, 자신을 객관화할 수 있는 사람은 "제 독단적인 생각입니다만…", "제 자랑 같습니다만…" 같은 겸손한 태도를 보인다.

일본에서는 관례에 무지·둔감하면 '히다리마에(왼쪽이 앞)'라며 바보 취급을 당한다. '미기마에(오른쪽이 앞)'와 '히다리마에'는 기모노의 앞여밈 방식에서 유래한 말로, 기모노를 입을 때는 남녀를 불문하고 먼저 오른쪽(미기) 앞길을 자신과 가까운 쪽(테마에)에 놓은 다음 그 위에 왼쪽(히다리) 앞길을 겹친다. 이는 유카타도 유도복도 마찬가지다. 반면에 수의는 반대로 왼쪽 앞길이 안쪽으로 들어가도록 입힌다. 그래서 히다리마에를 재수가 없다고 여기는 것이다. 한국에서 비상자동제동장치 밥그릇을 왼쪽, 국그릇을 오른쪽에 놓고 제사를 지낼 때는 반대로 놓는 것과 비슷하다고나 할까? 여담이지만, 서양 의복의 경우는 남성의 셔츠와 여성의 블라우스의 앞여밈 방식이 반대다. 과거에 서양 귀족 남성들은 자신의 오른손으로 단추를 채우는 편이 옷을 입기 쉬웠고, 귀부인들은 하녀가 옷을 입혀 줬기 때문이다.

　서론이 길어졌는데, 지금부터가 본론이다. 집 곳곳에는 다양한 관례가 존재한다. 여닫이문을 여는 방향의 관례에 대해서는 아마 당신도 알고 있을 것이다.

1　영화의 원제는 〈À bout de souffle〉로 본래 '마지막 숨결'이라는 의미이지만, 일본에서 〈멋대로 해라〉라는 제목으로 개봉했고, 한국에서도 그 영향을 받아 〈네 멋대로 해라〉라는 제목으로 개봉했다.

다음 중 어느 것이 올바른 방식일까?

여닫이문을 여는 방향은 네 종류를 생각할 수 있지만, '경첩이 벽 쪽에 달려 있고
방 안을 향해 열리는 방식'이 기본이다. 이는 단순한 관례가 아니라 합리적인 이유에 근거한 것이다.

문이 열리는 방향에는 이유가 있다

A와 B처럼 바깥을 향해서 문이 열리면 문을 열었을 때 복도를
걷고 있던 사람이 부딪힐 수 있어 위험하다.

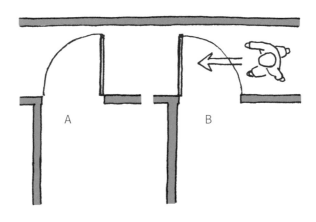

C와 D 중에서는 어느 쪽이 좋을까?

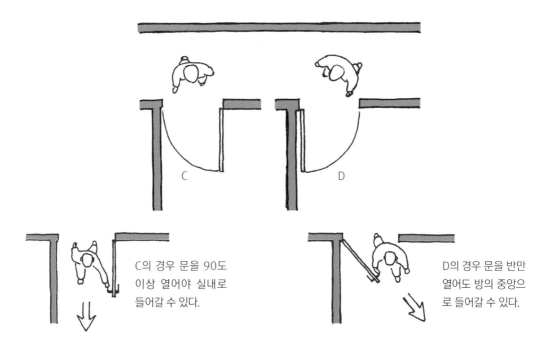

C의 경우 문을 90도
이상 열어야 실내로
들어갈 수 있다.

D의 경우 문을 반만
열어도 방의 중앙으
로 들어갈 수 있다.

미서기문의 올바른 배치는 '오른쪽이 실내를 향하도록'

미서기문을 끼우는 방식은 일본 전통 의복을 입는 법과 같다.
즉 오른쪽이 실내(자신의 쪽)를 향하도록 끼우는 것이 관례다.

오른쪽이 실내를 향하도록 끼운다

미서기문을 설치할 때는 오른쪽이 실내를 향하도록 끼우는 것이 관례다.

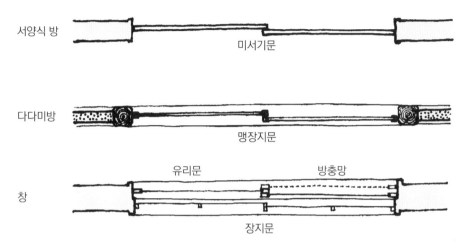

최근 들어 왼쪽이 실내를 향하도록 그린 도면을 보는 일이 많아져 조금 걱정이다. 아마도 CAD 소프트웨어 화면에서 별 생각 없이 상하 반전을 시킨 것이 아닐까 싶다. 물론 현장에서는 목공이나 창호 시공자가 알아서 제대로 끼우겠지만, 조금은 창피한 일이다.

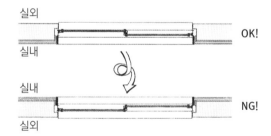

가운데가 실내를 향하도록 끼운다

말이 나온 김에 첨언하면, 문짝 네 개로 구성된 미서기문의 경우는 주된 방을 기준으로 봤을 때 가운데가 실내를 향하도록 배치한다.

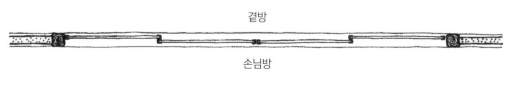

＼ **틀리지 않도록 주의하자!** ／

일부러 '왼쪽이 실내를 향하도록' 끼울 때도 있다

지금까지 관례는 참고 따라야 한다고 말했지만, 슬슬 인내심에 한계가 왔다.
관례를 이해하면서 하는 것이라면 자신의 방식이 제멋대로라 해도 상관없다.

구석에 창을 달 경우

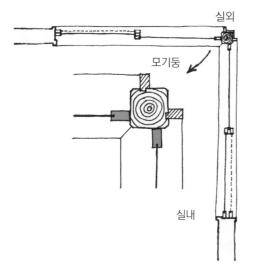

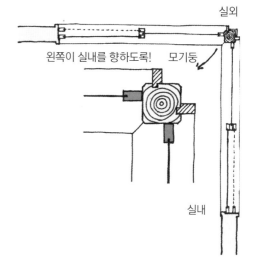

구석의 모기둥에 직각 방향으로 창호를 설치할 때, 관례를 따른다면서 고지식하게 양쪽 모두 오른쪽이 실내를 향하도록 끼우면 균형이 맞지 않아 기둥이 볼품없어 보인다.

위쪽 창은 왼쪽이 실내를 향하도록 끼워 균형을 맞추면 기둥이 위엄 있어 보인다.

왼쪽으로 밀어 넣는 방식일 경우

미서기문 두 짝을 전부 왼쪽으로 밀어 넣어 벽 뒤쪽에 감추는 방식인 경우, 그 두 짝을 왼쪽이 실내를 향하도록 배치하면 벽과 문 사이에 틈새가 벌어지고 만다. 틈새를 막기 위해 왼쪽 문짝 끝에 추가로 문틀을 붙이는 방법도 있지만…

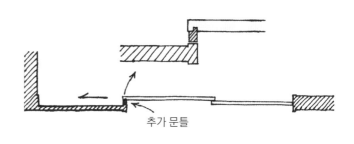

그렇게 임시방편으로 대응하기보다 차라리 왼쪽 문짝이 실내를 향하도록 배치하면 문짝을 위화감 없이 자연스럽게 수납할 수 있다.

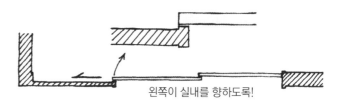

다실의 관례

창호 외에도 특히 다실의 경우는 여러 가지 관례가 있다.

혼갓테와 갸쿠갓테

도코노마[1]와 주인다다미의 위치 관계에는 혼갓테(혼도코)[2]와 갸쿠갓테(갸쿠도코)[3]가 있어서, 도코노마의 위치와 다다미를 까는 방식이 다르다. 당신이 멋대로 결정해도 되는 것이 아니니 주의하자!

화로가 있는 다다미 4장 반 넓이의 일반적인 다실의 예

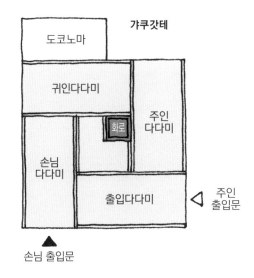

---

1 도코노마: 방의 벽면에 설치하는, 주위의 다다미보다 한 단 높게 만든 공간. 꽃이나 족자 등을 장식한다.
2 혼갓테(혼도코): 주인다다미에 앉는 주인의 시점에서 오른쪽에 손님이 앉도록 화로와 자리를 배치하는 방식.
3 갸쿠갓테(갸쿠도코): 혼갓테와 반대로 주인다다미에 앉는 주인의 시점에서 왼쪽에 손님이 앉도록 화로와 자리를 배치하는 방식.

계단의 치수와
단수의 방정식

'계단 각 단의 치수는 일정하다.'

당연하게 생각되는 이것이야말로 다시 한번 검증해 볼 필요가 있다.

첫발의 감각을 입력한다!

상가 건물 지하 1층에 있는 술집을 향해 경사가 급한 계단을 한 단 한 단 발밑을 확인하며 조심스럽게 내려간다. 신나게 마신 뒤 술집을 나와 같은 계단을 올라가다 발이 걸려 비틀거린다. 참으로 익숙한 풍경이다. 술에 취한 탓이 아니냐고? 그렇지 않다. 당신이나 친구가 계단을 오르는 모습을 한 번쯤 유심히 관찰해 보기 바란다. 신기하게도 대부분 계단을 오를 때 두 번째 단에서 발이 걸려 비틀거릴 것이다. 왜 그럴까?

사실 그 원인은 첫 번째 단의 높이에 있다. 두 번째 단부터는 높이가 같은데, 유독 첫 번째 단만 약간 높거나 낮다. 내부를 수리하거나 가게가 바뀔 때마다 바닥을 다시 까는 탓에 지하 1층 바닥 높이가 올라가거나 내려가서 첫 번째 단의 높이가 다른 단과 달라졌기 때문이다. 그런데 사람들은 계단 각 단의 높이가 일정하다고 믿어 의심치 않는다. 그래서 다른 단의 높이도 같으리라 믿으며 무의식중에 첫발의 감각을 머리와 몸에 입력해 버린다. 그러나 두 번째 단을 오르다 발이 걸려 넘어지거나 비틀거리는 순간 그것이 착각이었음을 깨닫는 것이다.

'한 계단의 각 단 높이는 일정하다'라는 무의식적인 의식은 매우 중요하다. 유사 이래 인류가 지켜 온 암묵의 규칙이라고 해도 과언이 아니다. 누구나 계단을 내려갈 때는 발밑을 살피지만, 오를 때는 앞만 보며 빠르게 올라간다. 산에서 높이가 일정하지 않은 계단을 올라갈 때 주의 깊게 발밑을 살피는 것과 비교하면 그 차이는 너무나 명백하다.

이를 대전제로 계단의 원칙이 정해진다. 즉 계단에서 각 단의 디딤판과 챌판의 치수는 한 계단의 평면상 길이와 단면상 높이를 각각 등분한 것이어야 한다는 전제다.

계단 치수에 대한 무조건적인 신뢰

건물의 계단, 즉 설계된 계단이라면 각 단 치수는 같다고 무의식중에 믿는다.

첫 번째 단에 속는다

어이!
괜찮아?

어이쿠!
좀 많이 마셨나 봐.

아닙니다. 그건 술 때문이 아니에요.

내부 수리를 반복하는
점포의 계단은 첫 번째
단의 높이가 다른 단과
다를 수 있습니다!

건물 계단을 오를 때는 앞을
바라보지만…

등산로를 올라갈 때는
발밑을 살핀다.

하나의 계단 치수는 각 단이 전부 동일하도록!

챌판과 바닥판의 치수를 결정할 때는 먼저 건축 기준법에 있는
주택의 계단 치수에 관한 규정을 지켜야 한다.

주택의 계단

건축 기준법의 치수 규정

챌판 높이 R(RISER)
디딤판 너비 T(TREAD)
R≦230mm, T≧150mm

경사가 상당히 급한 계단인데, 단위를 자와 치로 바꿔
보면 그 근거를 알 수 있다. 길이가 1간=6자에 높이가 9
자인 계단을 12단으로 만들려는 치수이다. 건축 기준법
이 제정(1950년)되기 이전의 일반적인 일본 가옥에서 볼
수 있었던 2층 또는 다락으로 올라가는 계단 치수를 기
준으로 정한 것이 아닐까 싶다.

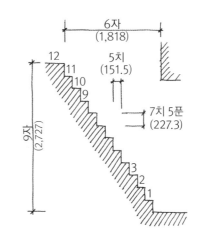

45도 경사의 12단 계단

경사가 너무 급하니 하다못해 45도
경사로 바꿔 보자. 그러면 9자의 거
리를 걸어서 9자의 높이를 오를 수
있게 된다.

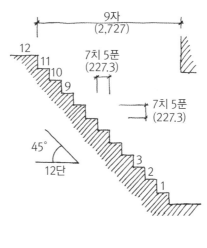

45도 경사의 13단 계단

그래도 R=230밀리미터는 여전히 경
사가 급한 편이므로, 기울기는 45도
를 유지하면서 단수를 1단 늘려서
13단으로 만들어 보자. 그러면 R과
T 모두 210밀리미터가 된다.

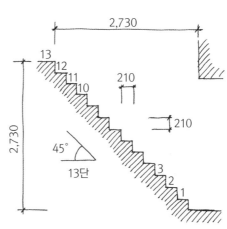

R+T=420~450mm 그리고 T≧210mm

R과 T의 합계가 오르내리기 편한 계단 치수의 기준이 된다.
이는 옥내 계단부터 외부 계단에 이르기까지 실제로 적용 가능한 기준이다.

오르내리기 편한 계단의 치수

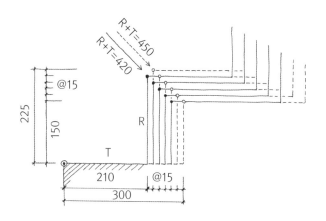

단수를 14단, 15단으로 늘리면 R이 낮아져 오르기는 편해지지만, 이번에는 T가 200밀리미터 이하가 되어 위험해지는 문제가 생긴다. R을 줄이면 동시에 T를 키울 필요가 있으며, 이것이 바로 R과 T가 양호한 관계를 이루기 위한 핵심이다. 기울기가 45도인 계단이라면 R과 T의 치수를 150~225밀리미터로 한정하는 것이 좋아 보인다.

기울기를 이보다 완만하게 만들 때는 R을 줄이고 T를 늘리면 된다. 요컨대 R과 T의 합계를 오르내리기 편한 계단 치수의 기준으로 삼을 수 있다.

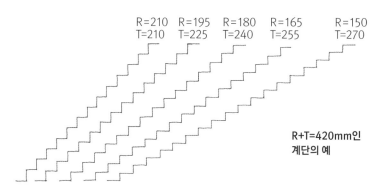

R+T=420mm인
계단의 예

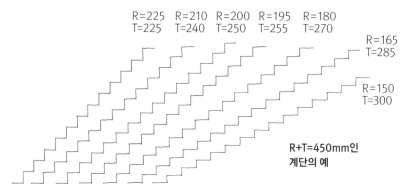

R+T=450mm인
계단의 예

노파심에서 덧붙이면, 같은 건물이라고 해서 각 계단의 계고를 반드시 일치시켜야 하는 것은 아니다. 층에 따라 계단 치수는 바뀔 수밖에 없으며, 바뀌어도 상관없다. 머리와 몸에 입력되었던 계단 치수는 각 계단의 첫 번째 단에서 초기화되기 때문이다.

작은 나선 계단의 기본

이번에 살펴볼 것은 나선 계단이다.
주택에 설치하는 최소 크기인 1평짜리를 생각해 보자.

계고 2,700mm, R=225mm, 12단

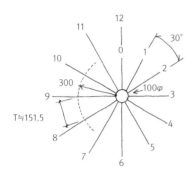

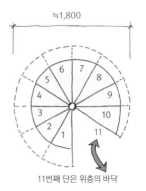

11번째 단은 위층의 바닥

나선 계단의 경우, 건축 기준법에 따라 중앙 기둥으로부터 300밀리미터 위치에서 T≥150밀리미터 이상이 되도록 만들어야 한다. 중앙 기둥이 지름 100밀리미터 정도인 계단의 경우 원을 12등분한 부채꼴이 최소가 된다.

마지막 단은 못해도 계단 두 개 분량이 필요하므로 단 수는 11단이 된다. 이 경우, R을 큼지막하게 225밀리미터로 잡더라도 계고는 225×11=2,475밀리미터로 상당히 낮게 억제해야 한다.

그것이 어려울 경우, 다른 계단 두 개 분량인 11번째 단과 2층 바닥 높이 사이에 한 단을 늘려서 12단으로 만드는 기법이 사용된다. 이때 계고는 2,700밀리미터가 된다. 첫 번째 단의 계단코와 11번째 단의 단판 사이 헤드 클리어런스(수직 유효 치수)는 2,250밀리미터가 안 되도록 잡을 수 있으므로 괜찮을 것이다(헤드 클리어런스는 적어도 2,000밀리미터는 되어야 한다). 이런 이유에서 계고 2,700밀리미터, R=225밀리미터, 기법을 동원한 12단이라는 치수 관계가 작은 나선 계단의 기본이 되는 것이다.

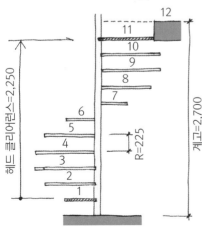

3층 이상을 관통하는 나선 계단

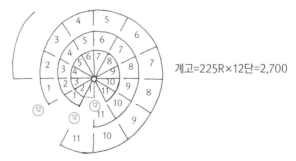

계고=225R×12단=2,700

그런데 3층 이상을 관통하는 나선 계단을 만들려면 앞에서 이야기한 기법을 사용할 수 없다. 계고를 2,500밀리미터 전후로 억제할 수 없는 경우 각 층의 첫 번째 단과 다른 계단 두 개 분량인 마지막 단이 1단씩 겹치도록 만들 수밖에 없다. 각 층에서 승강 위치가 30도씩 어긋나게 되므로 부디 주의하시길!

먼 옛날, 조리와 식사는 같은 것이었다

조리를 하면 그 자리에서 함께 먹는다

우리의 DNA에는 이런 단순 명쾌한 생활 방식이 입력되어 있는 듯하다.

식사라는 연극의 연기자들

레스토랑을 상상해 보기 바란다. 주방에서 계속 음식을 조리하는 주방장. 그 음식을 손님에게 가져가는 홀 스태프. 음식을 먹는 손님들. 손님이 식사를 마친 뒤 식기를 주방으로 가져가는 사람도 있고, 식기를 설거지하는 수습 요리사도 있다. 식사라는 엔터테인먼트를 시작해서 끝내려면 적어도 다섯 명이 필요하다. 그러나 레스토랑이 아닌 가정에서는 이야기가 다르다. 교외의 저택에 집사와 하인을 부리며 살고 있는 영국 귀족이라면 모를까, 평범한 가정에서는 한 명이 여러 역할을 겸하게 된다.

먼저 주방 유형을 살펴보고 넘어가도록 하자. 다만 여기에서 살펴보는 것은 I형이나 L형, U형, 병렬형 같은 주방 자체 레이아웃이 아니라 주방과 식당의 관계다. 클로즈드 키친, 다이닝 키친, 오픈 키친, 아일랜드 키친, 카운터 키친… 각 유형의 장단점이나 호불호에 관해서는 다양한 의견이 있겠지만, 결국은 주방을 얼마나 개방하고 싶으냐. 바꿔 말하면 무대 뒤 분장실을 어디까지 보여줘도 괜찮은지의 문제라고 할까?

그러나 주역은 주방도 음식도 식당도 아닌, 바로 그곳에서 활동하는 사람들이다. 주택이라는 건축 이야기를 하려면 무의식 중에 공간이나 장치에만 신경 쓸 뿐 정작 그것들이 무엇을 위해, 누구를 위해 설치되어 있는지 정말 중요한 목적을 망각하는 경향이 있다. 사람의 역할이나 시점이라는 측면에서 식사 공간을 다시 돌아보면 주방의 각 유형별 특징을 재인식할 수 있다.

조리한 본인도 그 음식을 먹는다

일반 가정에서 음식을 조리하는 사람은 독신 생활일 경우 본인,
가족이라면 아내 혹은 요리를 잘하는 남편일 것이다.

저도 먹습니다

혼자서 만들기, 운반하기, 먹기, 치우기, 설거
지하기라는 다섯 가지 역할을 전부 수행하는
쓸쓸하지만 마음 편한 식사도 있고, 여럿이서
두 가지 혹은 세 가지 역할을 동시에 담당하
는 떠들썩한 식사도 있다. 어쨌든 조리한 본인
도 그 요리를 먹는다(요리를 운반하거나 치우거나
식기를 설거지하는 것은 가족 중 누구라도 할 수 있는
일이니 자진해서 돕도록 하자).

클로즈드 키친

스태프가 절대 식당으로 나오지 않는 것이 클
로즈드 키친이다. 클로즈드 키친에 틀어박혀
서 열심히 요리를 만든 사람도 앞치마를 벗으
면 마치 다른 사람이 된 것처럼 식당에서 왁자
지껄 식사를 한다.

오픈 키친

닫힌 주방에 틀어박혀 있으면 식당과 커뮤니
케이션할 수 없으니 어수선한 부분은 보이지
않게 가리고 얼굴만 드러내는 것이 오픈 키친
이다. 오픈 키친의 형태는 '지금 조리하고 있
는 요리는 나도 함께 먹을 거거든?'이라는 어
필인지도 모른다.

다이닝 키친

"무대 뒤에서 먹는 편이 간편하고 마음도 편하니 여기에서 먹자"라며 주방에 식당을 불러들인 유형이 다이닝 키친이다. 조리한 그 자리에서 식사를 하므로 1인 2역에 대한 위화감도 전혀 없다.

아일랜드 키친

최근 유행하고 있는 아일랜드 키친은 "아니, 맛있는 음식을 조리하는 걸 왜 숨기려 하지?"라며 무대인 식당으로 당당하게 나온 유형이다. 다 함께 조리하고, 다 함께 먹읍시다!

카운터 키친

계속 조리해서 줄 테니까 따끈할 때 얼른 먹어! 달리 먹고 싶은 게 있으면 말하고! 나도 만들면서 먹으니까 내 걱정은 하지 마!

지금까지 식사 공간의 유형을 열심히 설명해 놓고 찬물을 뿌리는 것 같지만,
과연 그 공간을 얼마나 자주 활용하고 있을까?

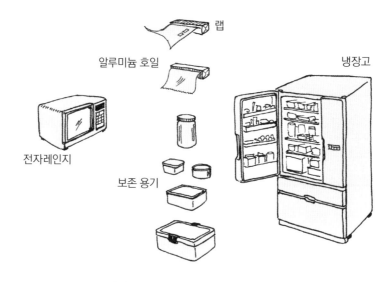

식사 타이밍을 늦추는 근대의 다섯 가지 장치

변화하고 있는 가정의 식사 풍경

오늘날 가정에서는 조리한 음식을 즉시 먹는다는 전제가 무너지고 있다. 최근 들어서는 가족 전원이 함께 식사하는 경우가 오히려 드물어졌다. 한 번에 모두가 먹을 분량의 음식을 조리해 놓고 가족 개개인에게 각자가 먹을 수 있는 시간에 가져다주거나 본인들이 알아서 챙겨 먹는 것이 현실이다. 냉장고, 보존 용기, 랩, 호일, 그리고 전자레인지 같은 근대적 장치들 덕분에 이런 방식의 식사가 가능해졌다.

현대에는 식사 공간을 따로 마련할 필요가 없는 것일까? 아니면 기회가 줄어들었기에 더더욱 소중해진 가족 모두의 식사 시간을 위해 충실히 갖춰 놓아야 할까? 이는 물론 당신과 건축주가 결정해야 할 일이다. 다만 평소 아일랜드 키친에서 홀로 음식을 조리해 쓸쓸하게 먹는다 해도 주말에는 친한 친구들을 초대해 파티를 여는 즐거움을 생각하면 충실한 식사 공간이 반드시 공간 낭비는 아닐지도 모른다.

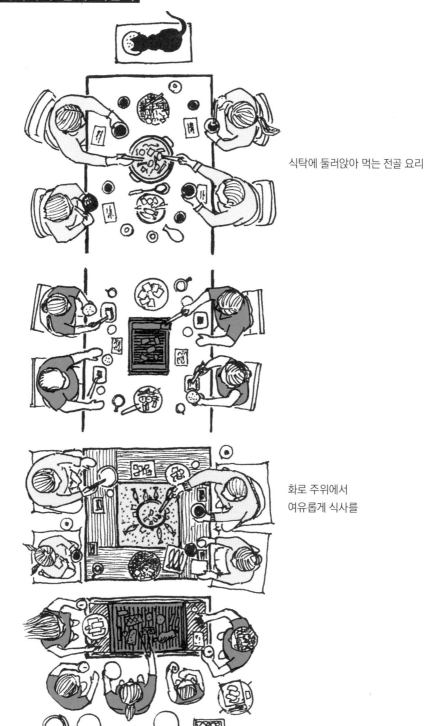

식탁에 둘러앉아 먹는 전골 요리

오늘은 불고기야!

화로 주위에서
여유롭게 식사를

야외에서 BBQ 파티!

이런 식사는 누가 뭐래도 즐겁다. 이렇게 보면 모두가 함께 식사하는 것, 조리한 음식을 곧바로 먹는
것이 얼마나 즐겁고 행복한 일인지 새삼 느끼게 된다.

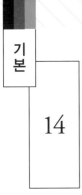

물을 쓰는 곳의 독점과 공유

1인용

급할 때 즉시 이용할 수 있으려면 변기는 몇 개나 준비해야 할까?

변기 수를 통해 세면실·욕실의 바람직한 형태를 생각한다.

'한정 공유'의 '축차 독점'

식사 중이라면 미안하지만, 이번에 이야기할 곳은 화장실(변소)이다. 화장실을 의미하는 영어로는 토일렛, 래버토리, 바스룸, 레스트룸, 워시룸, 파우더룸 등이 있다. 반대로 이에 해당하는 일본어는 각각 변소, 세면소, 욕실, 휴게실, 세면실, 화장실(化粧室)…. 아무래도 화장실을 생각하면 이야기가 집에서 물을 쓰는 곳 전체로 확대되는 듯하다. 그렇다면 더 범위를 좁혀 변기 자체부터 시작해 보자.

한 개의 변기가 누구를 위해 존재하는지 생각해 본 사람은 없을 것이다. 그러나 어떤 변기든 '한정된 누군가'를 위해 존재한다. 가령 공공시설이나 대형 점포의 변기도 남성용 혹은 여성용으로 한정되어 있다. 편의점 화장실은 남녀 공용이 아니냐고? 아니다. 편의점 화장실은 손님용으로 한정되어 있으며, 직원용 화장실은 따로 있다. 변기에 앉는 사람은 단 한 명, 화장실은 기본적으로 1인용이기에 사용자를 한정할 필요가 있는 것이다.

여담이지만, 내가 학생이었을 때 속한 서클의 아지트였던 찻집의 화장실 문을 노크했는데 안에서 "들어오세요"라는 목소리가 들렸다. 순간적으로 움찔했다가 곧 박장대소를 했던 기억이 난다.

다시 본론으로 돌아가, 변기는 많은 사람이 함께 사용하고 싶어도 한 명밖에 이용할 수 없기에 순서를 기다리게 된다. 독점과 공유라는 복잡한 문제의 시작이다. 특정 다수의 완전한 공유가 가능하지만, 한편으로 불특정 다수에게 개방된 완전한 공유는 불가능하다. 공유란 한정된 사용자를 위한 한정 공유이다. 그리고 한정 공유 중에는 공유 자전거나 변기처럼 복수가 소유하고 있어도 사용은 한 명씩 해야 하는 것이 있다. 이를 '축차 독점'이라고 부르도록 하자. 이제 드디어 본론으로 들어갈 수 있게 되었다.

일본의 주택에 필요한 변기의 수

판단의 기준은 '늦기 전에 일을 볼 수 있는 수인가?'이다. 늦기 전에 일을 보지 못하면
비참해지는 것은 손님도 마찬가지이므로, 변기를 '축차 독점'하는 구성원은 가족과 손님(1명)이라고 생각한다.

사용자 수와 변기 개수

가족		손님		합계	변기
1	+	1	=	2	
2	+	1	=	3	1개
3	+	1	=	4	
4	+	1	=	5	
5	+	1	=	6	2개
6	+	1	=	7	
7	+	1	=	8	
8	+	1	=	9	3개
9	+	1	=	10	

내 경우, 사용자 수 5명을 경계선으로 생각한다. 요컨
대 3인 가족+손님 1명의 합계 4명까지라면 변기는 1
개로 충분하다.

4인 가족+손님 1명의 합계 5명 이상이라면 두 번째
변기의 설치를 생각한다.

세 번째 변기가 필요해지는 시점은 7인 가족부터라
고 계산할 수 있다. 7인 가족은 예를 들면 노부부·아
들(딸) 부부에 손자(손녀) 3명의 대가족이다.

변기까지의 거리

변기가 멀어서 도착하기 전에 지려 버
린다면 곤란하다. 3인 가족이라도 2층
건물이라면 두 개가 필요할지 모른다.

변기를 2개 설치하게 되었을 때

단순히 사용자 전원이 한정 공유하면 된다고 생각하는 것은 조금 단편적인 발상이다.
2개의 변기에 각각 사용자를 할당해야 비로소 디자인이라고 할 수 있다.

파우더룸에

하나는 손님도 이용할 수 있도록 파우더룸으로 만들자. 그러면 남은 하나의 변기가 상대하는 대상을 가족만으로 한정할 수 있다.

벽 조명

거울

파우더룸=
화장실(化粧室)

세면실·욕실에

두 번째 변기는 첫 번째 변기처럼 외부인을 상대할 필요가 없으므로 과감하게 가족과 밀착시킨다! 축차 독점이라는 특성을 가졌음에도 변소를 따로 만들지 않고 세면실이나 욕실에 설치하는 것이다.

세면실

실례할게요.

"세면기나 욕조는 나에 비하면 사용 빈도가 낮으니까, 내가 여기 있어도 괜찮잖아? 게다가 여기라면 세면기가 있으니까 손 씻을 곳을 따로 만들 필요도 없고."

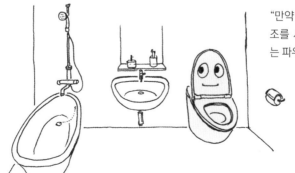

"만약 누군가가 세면기나 욕조를 사용하고 있다면 그때는 파우더룸을 이용하세요!"

변기·세면기·욕조가 함께 있어도 괜찮다

분명히 두 번째 변기를 세면실이나 욕실에 두면 공간을 효과적으로 이용할 수 있다.
이 방법을 사용하면 커플이 사는 작은 집의 물 쓰는 공간은 매우 심플해진다.

두 사람을 위한 물 쓰는 공간

만약 손님이 방문한다면 어떻게 하냐고? 괜찮다. 애초에 손님이 와 있을 때 욕조를 사용할 리가 없지 않은가?

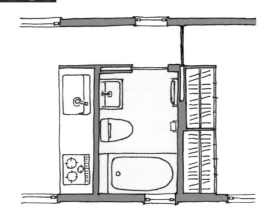

서양 주택의 경우

서양의 주 침실에 부부 전용 욕실이 딸려 있는 것은 좋은 발상이라고 생각한다.

두 아이가 하나의 욕실을 공유하는 것도 이해가 된다. 화장실을 바스룸이라고 부르는 것도 수긍이 간다.

물론 게스트룸에도 바스룸이 있어서, 변기의 축차 독점자는 두 명뿐이다. 요컨대 최소 공유 인수다.

여기에 숙박하지 않는 손님을 위한 파우더룸이 있다면 완벽하다. 한정 공유의 극한이다.

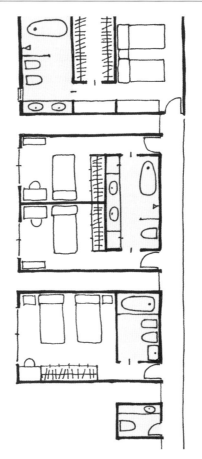

Master Bed Room

Bed Room

Guest Room

Powder Room

배부른 소리를 하고 있을 수 없는 우리의 주택 사정

서양의 바스룸은 침실에서 옷을 벗는다는 전제가 깔려 있지만 일본은 그렇지가 못하다.
두 번째 변기를 세면실·욕실에 둘 경우, 탈의도 고려할 필요가 있다.

세면기·욕조·변기의 순열 조합

입욕할 때 벗은 의복을 어디에 둘 것인가? 같은 넓이라도 다양한 레이아웃이 가능하다. 이것을 보고 당신과 당신의 가족은 어떻게 할지 생각해 보기 바란다. 나는 거기까지 참견할 생각은 없다!

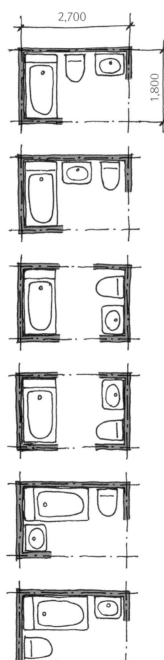

어디를 통해서
들어가십니까?

탈의에 관해서는 세탁기 위치도 검토해야 한다. 《주거 해부 도감》 78페이지 세면실과 세탁기도 참조하기 바란다.

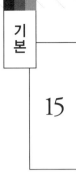

15

빗물 방지와
방수는 다르다

출구는 저쪽!

빗물의 3대 필살기인 풍압력, 모세관 현상, 계면 장력과 정면으로 싸워서는 승산이 없다.
무의미한 저항은 그만두고 순순히, 깔끔하게, 가볍게 받아넘기는 것이 상책이다.

빗물의 침입을 방지하는 형태란?

태풍이 지나간 아침, 설계자는 푸른 하늘을 올려다보며 건축주로부터 전화가 오지 않을까 마음을 졸인다. 작년 가을부터 올해 여름까지 준공·인도한 새 집이 처음 겪은 비바람을 잘 견뎌내 줬을지….

설계·시공을 할 때의 대표적인 불안거리이자 고민거리는 바로 빗물 누수다. 구조, 설비, 재료에 관한 기술이 진화하고 있음에도 여전히 우리를 위협하고 고민케 하는 비바람. 여기에 맞서는 것이 '빗물 방지'다. 다만 오해하지 말기 바란다. 빗물 방지는 방수가 아니다.

방수는 시트나 피막, 실링 등 건축 재료의 방수성과 그 시공 방법을 가리킨다. 그에 비해 빗물 방지는 형태의 궁리다. 아무리 우수한 방수 재료라 해도 그 성질을 살릴 수 있는 형태가 아니라면 이윽고 불쌍한 최후를 맞이할 것이다. 건물에 대한 빗물의 성질이나 그 빗물의 처리에 관해 자세히 알고 싶은 사람에게는 《빗물 처리의 원리—기본과 응용》(이시카와 히로조 지음, 쇼코쿠사)을 추천한다. 나도 참고해 온 명저다.

뭐? 요점만 빠르게 알고 싶다고? 그렇다면 먼저 온고지신이다. 비장의 최신 기술보다 과거 사람들이 당연하다는 듯 실천해 온 지혜에서 배우자. 옛날에 지어진 민가 지붕에서는 빗물 방지를 위한 멋진 발상을 발견할 수 있다.

옛 민가를 구성하는 재료는 목재, 풀, 종이(전부 식물이다)와 석재다. 못조차도 사용되지 않았다. 유리도 합성수지도 없었고 방수 실링 같은 것은 상상도 할 수 없었던 옛날, 방수 재료에 의지하지 않고도 비바람을 훌륭히 견뎌내는 피난처를 지을 수 있었던 비결은 무엇일까? 옛 민가 지붕에 집약되어 있는 빗물 방지의 요령을 정리해 보려 한다. 오늘날에도 활용 가능한 기술을 발견할 수 있을 것이다.

옛 민가에서 배우는 빗물 방지의 지혜

요점은 네 가지. 지붕 경사, 처마 길이, 물끊기, 빈틈이다.
빗물이 빠르게 흘러 내려가도록 하고, 침입한 빗물은 자연스럽게 내쫓아야 한다.

절묘한 억새 지붕

방수 성능이 전무에 가까운 억새 지붕은 빗물이 빠르게 흘러 내려가도록 경사를 급하게 만든다. 지붕의 경사는 지붕 재료의 방수 성능과 반비례한다.

처마 길이를 깊게 만들어 빗물을 벽으로부터 최대한 떨어진 위치로 흘려보내는 것은 빗물 누수의 약점인 처마와 벽이 만나는 부분에 빗물이 닿지 않게 하기 위함이다.

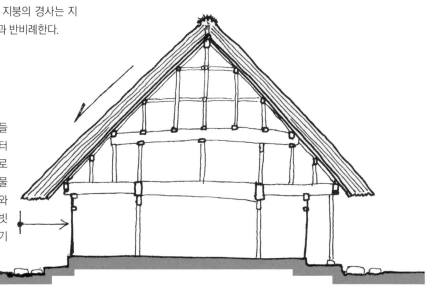

억새단을 아무리 빽빽하게 묶는다 한들 빗물의 침입을 막을 수는 없다. 억새 지붕을 보면 억새단을 빽빽하지도 느슨하지도 않게 묶어 절묘한 두께와 밀도로 이었음을 알 수 있다. 지붕 속에 빈틈을 확보해 그곳을 물길로 삼기 위함이다. 침입한 빗물이 이 물길을 따라 흘러내려 처마 끝으로 나가게 함으로써 실내로 들어오지 못하게 한다.

빗물이 처마를 타고 처마와 벽이 만나는 부분까지 오지 않도록 처마 끝에서 바닥으로 떨어지게 해야 한다. 억새 지붕의 처마는 억새가 베인 단면이 그대로 노출되어 있어 빗물이 그대로 바닥을 향해 떨어질 뿐 처마를 타고 벽까지 가지 못한다. '물끊기'인 것이다.

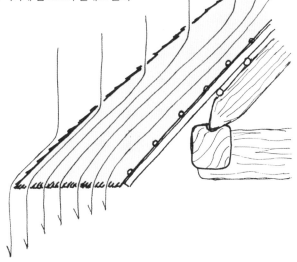

현대의 건물도 마찬가지다

현대의 건물도 빗물을 방지하는 요점은 옛 민가와 똑같이
더도 말고 덜도 말고 딱 네 가지다.

지붕 경사

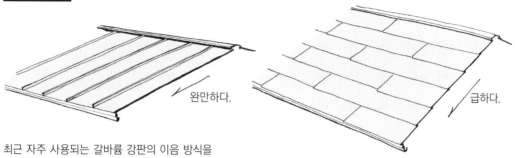

완만하다.

급하다.

최근 자주 사용되는 갈바륨 강판의 이음 방식을
비교해 보면 알기 쉽다. 돌출잇기나 기와가락잇기
라면 마룻대에서 처마 끝까지를 강판 한 장으로
덮기에 그 사이에서 물이 샐 걱정은 할 필요가 없
다. 따라서 기울기를 완만하게 만들 수 있다.

한편 평이음은 가로세로에 이음매가 생기기
때문에 빗물이 그곳으로 돌아서 가지 않고 빠
르게 흘러 내려가도록 적당한 경사를 확보할
필요가 있다.

처마 길이

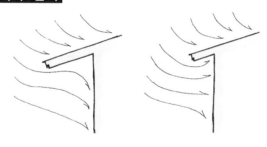

처마 길이가 깊을수록 외벽 상단 연결 부분(수
평 부재와 수직 부재가 만나는 구석)을 빗물로부터
지킬 수 있으며, 비바람으로부터 외벽을 보호
해 열화를 늦출 수 있다.

물끊기

처마 끝의 물끊기는
수직 길이나 처마돌
림과의 거리를 충분
히 확보할 필요가
있다.

철근콘크리트 슬래브의
아래쪽에 만드는 물끊
기 줄눈도 마찬가지다.

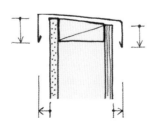

박공 쪽의 드립엣지 후레싱이나 파라
펫 후레싱을 단순한 덮개로 오해하면
낭패를 볼 수 있다. 물과 확실하게 연을
끊지 않으면 그놈들이 집요하게 따라
올 것이다.

빈틈의 역할

현대의 건물에서는 억새단의 빈틈을 에어 챔버가 담당한다.
평이음 지붕이나 외벽의 접합 부분, 처마와 벽이 만나는 부분에 응용되는 구조다.

에어 챔버의 구조

바깥쪽 틈새를 비교적 크게, 안쪽 틈새를 최대한 작게 만들어 최
전선에 설치하는 것이 요령이다. 빗물의 침입을 필사적으로 막는
것이 아니라 더 깊은 곳까지 들어가려는 의지를 꺾음으로써 일단
들어오더라도 결국은 나가도록 만드는 방식이다.

실외와 실내는 대개 기압
이 비슷한 편이지만, 비바
람이 불 때의 실외는 실내
에 비해 기압이 높아졌다
낮아졌다 변화를 거듭한
다. 요컨대 파상 공세를 펼
치는 것이다. 바깥쪽 틈새
가 크면 외부와 빈 공간의
기압이 같아져 빗물이 빈
공간 속으로 밀고 들어올
이유가 없어진다(등압 조인
트, 오픈 조인트).

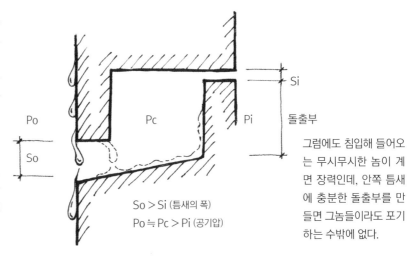

$So > Si$ (틈새의 폭)
$Po ≒ Pc > Pi$ (공기압)

그럼에도 침입해 들어오
는 무시무시한 놈이 계
면 장력인데, 안쪽 틈새
에 충분한 돌출부를 만
들면 그놈들이라도 포기
하는 수밖에 없다.

고무 개스킷에 있는 작은 홈은
에어 캠퍼의 대열이다.

난로 본체 상부에 연통보다
단면이 큰 챔버를 설치하는
것은 돌풍의 침입을 유연하게
받아넘기기 위함으로, 이 또
한 같은 발상이다.

다양한 형태의 접합부

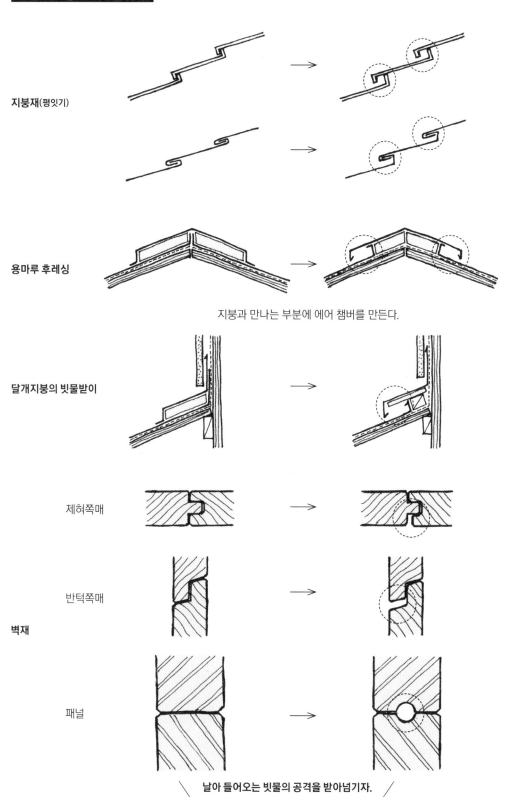

지붕재(평잇기)

용마루 후레싱

지붕과 만나는 부분에 에어 챔버를 만든다.

닫개지붕의 빗물받이

제혀쪽매

반턱쪽매

벽재

패널

날아 들어오는 빗물의 공격을 받아넘기자.

물건은
반드시 살아남는다

대체 어째서일까?

물건은 마치 샘솟기라도 하는 듯 계속 늘어난다!
수납하는 데만 집착하면 오히려 밖으로 나오고 싶어 하는 물건들의 욕망에 불을 붙이게 된다.

꺼내 놓는다 ≠ 어질러져 있다

'스마트한 수납 방법', '스마트한 수납 특집'…. 이런 제목의 기사를 볼 때마다 나는 중얼거린다. "어차피 나는 스마트하지 않은 걸." 그리고 부루퉁한 표정으로 이렇게 내뱉는다. "이 세상에 스마트한 사람은 거의 없어."

내 방은 물건들로 넘쳐난다. 솔직히 말하면 움직이는 데 지장이 있을 정도다. 그러나 자주 사용하는 물건은 손이 닿는 곳에 있으니 "굳이 다른 데로 옮길 필요는 없어"라고 억지를 부린다. 이번 기회에 당당하게 말하겠다! 정리하는 것은 수납하는 것이 아니다. 그때그때 필요한 것을 사용하기 쉬운 위치에 대기시켜 놓는 것이다.

방에 물건이 나와 있는 것은 당연한 일이다. 따라서 무엇을 얼마나 내놓느냐는 당신이 결정하면 된다. 전부 수납해 놓는 것은 잘못된 생각이며, 하물며 수납하지 않는 것을 부끄럽게 생각하는 것은 자신을 위해서라기보다 남들의 눈을 의식하기 때문임을 깨닫기 바란다.

물건이 나와 있는 광경은 활기차게 살고 있다는 증거다.

장마가 끝나고 맑은 날. 테라스와 발코니에 일제히 널린 세탁물과 침구가 햇빛을 받아 빛나고 있다.

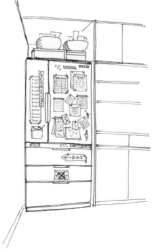

한창 육아로 바쁜 시기. 냉장고 문에는 아이가 학교에서 가져온 대량의 인쇄물과 장보기 목록, 전달 사항 메모 등이 빽빽하게 붙어 있다.

학교의 설계 연습 과제 제출일 아침, 완성
된 모형 주위는 재료의 파편과 무뎌져서
부러뜨린 커터 날, 빈 컵라면 용기와 과자
봉지로 가득하다. 아마도 밤을 새워서 만
들었으리라. 이런 광경을 볼 때마다 나는
기쁨의 박수를 보내고 싶어진다.

열심히 노력한 것이 느껴지는 광경에는 언제나 물건이 밖으로 나와 있다.

수납에서는 공통된 양상이 발견된다

부자든 청빈함을 신조로 삼는 사람이든, 저택이든 좁은 공동 주택이든, 수납에는 공통된 양상이 발견된다.
이 양상을 다시 한번 정리(?)해 보도록 하자.

물건의 사용 빈도와 수납 장소

물건은 사용 빈도에 따라 5가지 유형으로 나뉜다

● 항상 쓰는 것

▲ 자주 쓰는 것

■ 가끔 쓰는 것

★ 소중한 것

✕ 차마 못 버리는 것

필기도구를
예로 들면

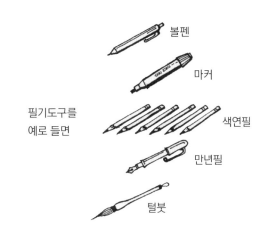

볼펜

마커

색연필

만년필

털붓

물건이 있는 곳은 크게 네 곳이다

클로젯에 넣지 않지만(못
하지만) 수납해 두고 싶은
물건이 가는 장소. 방에
두는 서랍장이나 식기장,
책장, 혹은 사연이 있는
가구도.

당신이 있는 방이나
LDK

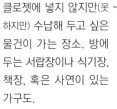

캐비닛 캐비닛
CABINET

생활공간
HABITAT

클로젯
CLOSET

OUSO 바깥

드레스룸이나 워크인클로
젯, 벽장이나 빌트인 찬장,
식품고, 코트룸 등

집에 두지 않는(못하는) 것을
넣어 두는 실외 창고나 방치
해 두는 바깥

5가지 유형으로 나눈 물건을 있어야 할 수납 장소에 정리해 본다(초기 상태)

자주 쓰는 것의 경우,
처음에는 클로젯에 있
지만 꽤 자주 호출되기
때문에 캐비닛으로 보
내진다.

항상 쓰는 것은 물론
생활공간에 둔다.

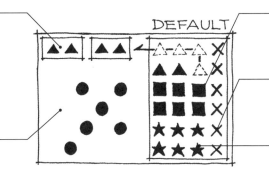

DEFAULT

가끔 쓰는 것은 자신의 분
수를 알기에 클로젯에서 대
기한다.

차마 못 버리는 것은 구박을
받으면서도 클로젯에 틀어
박혀 나가지 않는다.

클로젯의 주인인 소중한 것
은 "행차해 주십시오!"라는
말을 기다린다.

이 상태라면 집의 수납 계획에는 아무런 문제도 발생하지 않겠지만….

그러나 물건은 반드시 늘어나게 되어 있다

이런 사태에 이르기까지 나도, 당신도, 그리고 이 세상의 거의 모든 사람들도,
물건들이 늘어나는 것을 보면서도 못 본 척한다.

물건의 번식 생태… 이미 통제 불능의 상태

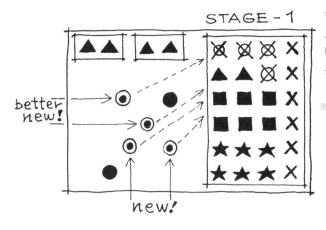

항상 쓰는 것은 필요 수량이 충분하므로 새로운 멤버가 나타나면 구 멤버는 자연히 도태되어 버려져야 하지만, 미련이 남아서 차마 못 버리게 된다.

범례 : ●항상 쓰는 것 ▲자주 쓰는 것
■가끔 쓰는 것 ★소중한 것 ×차마 못 버리는 것

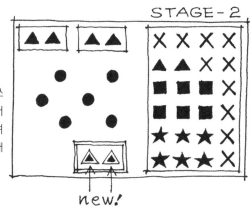

새로운 멤버의 등장으로 구 멤버가 되어 버린 항상 쓰는 것은 버려지거나 차마 못 버리는 것으로 강등되어 클로젯에 들어가는 것이 순리지만, 자신은 고참이라며 버티고 앉는다. 그리고 새로운 멤버를 위해 새로운 캐비닛이 조달된다.

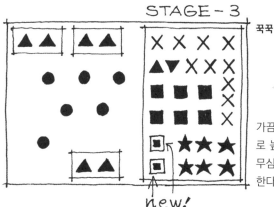

가끔 쓰는 것도 새로운 멤버가 나타날 가능성은 의외로 높다. 가끔밖에 안 쓰지만 '가끔은 쓸지도…'라며 무심코 데려와 버린다. 그 결과 클로젯의 공간을 차지한다.

하지만… 꼭 전부 다
수납해야 하는 거야?

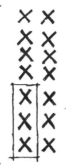

버리는 수밖에 없음이 명백하다. 결국 큰마음을 먹고 일단 클로젯에서 차마 못 버리는 것을 바깥으로 내쫓는다. 클로젯 속의 소중한 것을 차마 못 버리는 것으로는 만들지 않겠다고 생각하며 안쪽으로 옮긴다. 그리고 약간 숨통이 트인 클로젯에 가끔 쓰는 것을 호통치며 돌려보낸다. 자책감에 마음이 아픈 당신.

다가올 미래

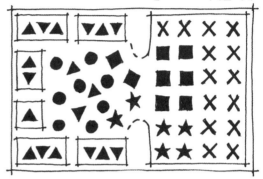

생활공간에는 항상 쓰는 것이 필요 이상으로 넘쳐나고, 자주 쓰는 것도 여기저기를 떠돈다. 새로 추가한 캐비닛이 생활공간을 침범한다. 클로젯은 비명을 지르고, 가끔 쓰는 것뿐만 아니라 소중한 것까지 뛰쳐나온 결과 클로젯과 생활공간의 구별이 무의미해진다.

STAGE-5

꾸욱
꾸욱

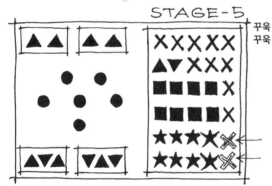

차마 못 버리는 것을 자신의 손으로 늘리는 사람은 없다. 하지만 문제는 선물받은 것이다. 안 쓴다고 곧바로 버리기도 뭐해 클로젯에 넣어 두는 수밖에 없다!

STAGE-4

꾸우욱

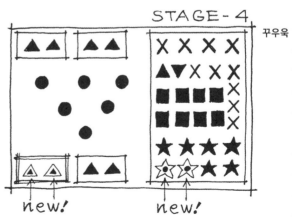

new!   new!

소중한 것은 어지간하면 새로운 멤버가 등장하지 않지만, 등장하더라도 구 멤버가 버려지는 일은 없다. 당연하다. 소중한 것이니까. 따라서 확정적으로 차마 못 버리는 것이 되어 클로젯에 계속 머물게 된다.

'정리한다 = 수납한다'가 아니다

수납의 의식 개혁

정리란 사용하는 물건을 깔끔하게 꺼내 놓는 것이다.

수납이란 사용하지 않는 물건을 꺼내기 쉽게 감추는 것이다.

진정으로 스마트한 수납 기술

먼저 물건은 수납하는 것이라는 고정관념, 수납해야 한다는 강박관념으로부터 해방되자. 그런 다음 정리를 시작해 보면 어떨까? 사용하는 물건을 꺼내 놓는 것은 당연하다. 사용한 물건이 나와 있는 것도 당연하다. 진정으로 스마트한 수납 기술은 '꺼내 놓는다'와 '수납한다'를 한 세트로 삼는 것이다.

평소 사용하는 물건은 '꺼내서' 정리해 놓는 것이 바람직하다. 다만 어질러져 있어도 된다는 말은 아니니 착각은 하지 말자. 깔끔하게 정렬해서 대기시켜 놓는다. 이때 주의할 점은 정렬 방식이다. "거기 서 있어"라고 명령하는 것은 의미가 없다. 어차피 조금 지나면 돌아다니기 시작해 어질러지기 때문이다. 그렇다면 어떻게 해야 할까? 답은 매달아 놓는 것이다. 매다는 것은 역학적으로도 안정된 고정 방법이다. 매달아 놓으면 물건들도 도망치지 못한다.

평소에는 보이지 않게 보관하다가 써야 할 때 꺼내기 쉽도록 '수납'하려면 어떻게 해야 할까? 평소 수납공간을 활용해 물건과 양호한 관계를 구축하는 비결은 세 가지다. ① 가급적 문을 달지 않을 것, ② 다만 그대로 들여다보이지는 않게 할 것, ③ 일상적으로 수납공간에 들어갈 수밖에 없도록 만들 것.

수납공간이라고 하면 평소에는 안이 들여다보이지 않도록 문을 닫아 놓기 마련이다. 그런데 그 문 한 짝이 수납한다는 행위를 방해하는 커다란 장해물이 된다. 수납한다, 즉 '놓는다·넣는다·매단다'라는 행위만이라면 하나의 동작으로 완결된다. 그러나 문이 있으면 여기에 문을 여는 동작이 추가된다. 하나의 동작으로 완결되지 않는 것이다. 기껏 수납하려고 생각했는데 문이 거부한다. 마치 벽처럼 보이는 '벽면 수납장'도 처음에는 근위병처럼 믿음직스러워 보이지만 시간이 지나면 길을 가로막는 기동대의 방패가 되어 버린다.

역시 문 같은 것은 없는 편이 더 평화롭다.

매달아 놓으면 어질러지지 않는다

매다는 것은 역학적으로도 안정된 고정 방법이다.
매달기 위한 고리가 각 물건의 정위치가 되어 주기에 더더욱 좋다.

봉 하나로 간단 옷장

문을 달지 않는 것이 핵심

현관에 봉을 하나 설치해서 내일 입을 코트나 머플러를 걸어 놓을 수 있게 하면 편리하다. 이렇게만 해도 거실 소파가 외출복으로 뒤덮이는 사태를 막을 수 있다.

주방의 주전 라인업

벤치 멤버는 안 돼.

주방 찬장 아래에 파이프가 하나 있으면 딱히 명령하지 않아도 요리용 젓가락·뒤집개·국자·나무 주걱·집게·손잡이가 달린 냄비나 소쿠리 등 주전 멤버들이 집결하게 된다.

넣어 둘 필요가 없다

매일 밤 입는 잠옷이나 샤워 가운을 침실 벽에 걸어 놓을 수 있다면 침대 위에 벗어 놓을 필요가 없을 텐데…라고 생각하지 않는가? 매번 워크 인 클로젯에 들어갔다 나오기는 너무 귀찮다!

매달아 놓으면 마른다

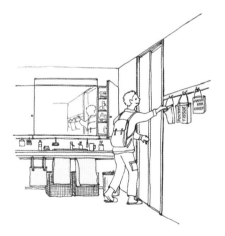

세면장에 수건 외에 손수건이나 휴대용 티슈를 주머니에 담아 매달아 놓으면 편리하다.

매달 수 없는 것은 상자에

물론 항상 쓰는 것 중에는 매달아 놓을 수 없는 것도 있다.
드디어 클로젯 속에 있는 소중한 것에게 출동을 요청할 시간이다!

소중히 보관했던 상자를 사용한다

이제는 붓글씨도 안 하니까…
벼룻집을 문구 보관함으로
사용한다.

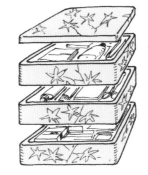

이제는 명절 요리도 안
만드니까… 찬합을 약
상자로 사용한다.

비싼 술이나 과자가 들어
있던 오동나무 상자는 수
저 상자로 사용한다.

다양한 압정, 자석, 작은 메모지 등은 플
라스틱 케이스에 넣어 놓기보다 거의 사
용하지 않는 베네치아 유리컵 또는 체코
유리컵에 보관한다.

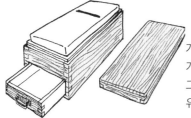

가쓰오부시 만드는 대패
가 놀고 있지는 않은가?
그대로도, 분리시켜서도
유용하게 쓸 수 있다!

옛날부터 집에 있던 것이어서 그냥 버릴 수
없었던 나무 사다리나 소쿠리

그다지 가치는 없지만 버리자니
아깝고, 애초에 무거워서 버리기
도 힘든 화로나 항아리

이렇게 해서 필요한 물건들, 즉 항상 쓰는 것이나 자주 쓰는 것들이 있어야
할 장소에서 대기하게 되었고, 소중한 것들을 잘 보이는 곳에 놓고 싶다는 바
람도 이룰 수 있었다. 다만 아직도 써야 할 때 꺼내기 쉽도록 '수납'해야 할
물건들이 기다리고 있다.

수납공간은 '보이지 않도록' 배치한다

동선과 시선을 배려하는 이 방법을 사용하면 문이 없어도 내부가 보이지 않게 써야 할 때는
꺼냈다가 다시 넣어 두기 쉬운 공간으로 구축할 수 있다.

문이 없는 화장실을 본 적이 있을 것이다

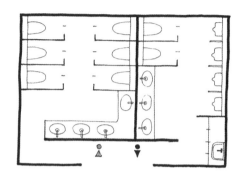

수납공간의 문도 없앨 수 있다

문이 없으면 훨씬 부담 없이 들어갈 수 있다. 보이지 않는 수납공간을 만들기 위해 수납량을 어느 정도 희생시킬지도 모르지만, 그 결과 수납공간과의 관계가 밀접해진다면 고마운 일이다.

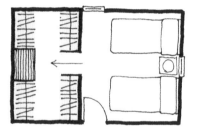 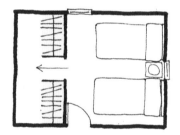

워크 스루 클로젯!

수납공간이 쓰레기장이 되지 않게 하려면 입구와 출구를 만드는 것이 좋다. 그러면 수납공간 속을 통과하면서 구석구석까지 시선이 닿게 되고, 통풍도 좋아진다. 이것이 바로 워크 인 클로젯의 진화형인 워크 스루 클로젯이다!

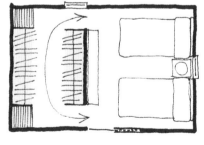 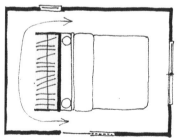

이 명칭을 처음 만든 사람은 아마도 나의 벗이자 건축가 동료인 스즈키 노부히로 씨일 것이다. 그가 쓴 《주거 정리 해부 도감》은 수납 기술이라기보다 수납 설계의 정수를 담은 명저다. 이 책을 쓰면서 나도 크게 참고·인용했다.

수납공간이 통로를 겸하도록 만든다

그저 통과할 수 있게만 만들지 말고, 일상생활에 반드시 필요한 동선상에 수납공간을 위치시키자.
그것이 바로 플래닝이다.

일단 수납공간으로 들어가시지요

차고에서 창고를 통과해 현관으로

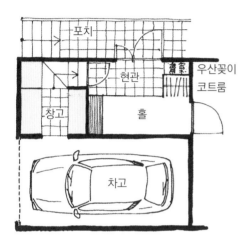

현관에서 코트룸을 통과해 홀로

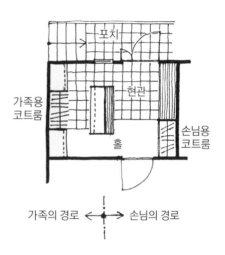

가족의 경로 ←→ 손님의 경로

주방에서 식품고를 통과해 옆문으로

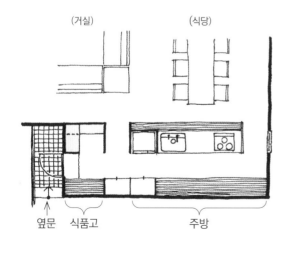

클로젯을 통과해 침실로

이는 서양 주택의 경우 드물지 않은 배치다.

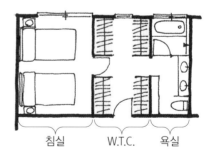

수납공간에 물건만 넣으려 해서는 안 된다! 당신 자신도 들어가야 한다!
당신이 일상적으로 지나다녀야 물건들도 차마 못 버리는 것이 되지 않고 웃으며 기다릴 수 있다.

18

주택 설계의
다이어그램이란?

동선은 다이어그램 단계에서 결정된다

다이어그램을 대충 만들면 그 끝에 미로나 막다른 길이 기다리게 된다.

다이아가 어긋나서는 일이 진행되지 않는다

"현재 태풍으로 다이아가 크게 어긋난 상태입니다." 열차 내에서 차장이 방송으로 이렇게 전한다. 여기에서 다이아는 '열차 다이어그램(다이아그램)'을 가리킨다. 승객인 우리가 보는 시각표와 철도 회사 직원들이 보는 운행표는 같은 노선이라 해도 표시 방식이 완전히 다르다. 열차 다이어그램에는 상행 열차 또는 하행 열차인지에 따라 사선의 방향이 정반대가 되기 때문에 이것이 교차하며 수많은 마름모꼴이 만들어진다. 이것이 트럼프 카드의 다이아몬드처럼 생겨서 '다이아'라고 부르는 줄 아는 사람도 있는데, 다이아몬드가 아니라 다이어그램을 의미한다.

주택 설계에서는 각 방의 배열이나 연결만을 표시한 그림을 다이어그램이라고 한다. 이 다이어그램은 중요한 프로세스 중 하나인데, 최근 들어 이를 소홀히 여기는 경우가 많다는 느낌을 강하게 받는다. 설계 조건(프로그램)에서 곧바로 방 배치(조닝)나 평면(플래닝)을 그리지 말고, 먼저 다이어그램을 그려 보도록 하자!

열차 시각표

도쿄 발(하행)

열차명 / 역명	노조미 207	노조미 463	노조미 15	노조미 305	노조미 155	노조미 209	노조미 307	고다마 639	노조미 17	히카리 505
도 쿄	800	803	810	813	813	820	823	826	830	833
시 나 가 와	807	810	817	821	821	827	830	834	837	840
신요코하마	819	822	829	832	832	839	842	846	849	852
시 즈 오 카		911		12/24 ~ 1/07				956		
하 마 마 쓰		937						1028		
나 고 야	940 942	1009 1011	949 951	954 956	954 956	1001 1003	1004 1005	1115	1012 1014	1017 1019
교 토	1019	1049	1027	1033	1033	1040	1043		1052	1113
신 오 사 카	1033	1103 1105	1040 1042	1046	1046 1048	1053	1056		1106 1109	1126
오 카 야 마		1220	1128		1136				1156	
히 로 시 마			1209		1215				1232	
신야마구치					1250				1304	
하 카 타			1311		1327				1339	

열차 운행표

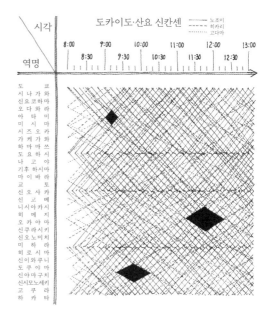

도카이도·산요 신칸센

다이어그램이란 무엇일까?

복수 요소의 배열이나 연결을 2차원 평면 위에
추상화된 그림 등으로 그려서 나타낸 것을 말한다.

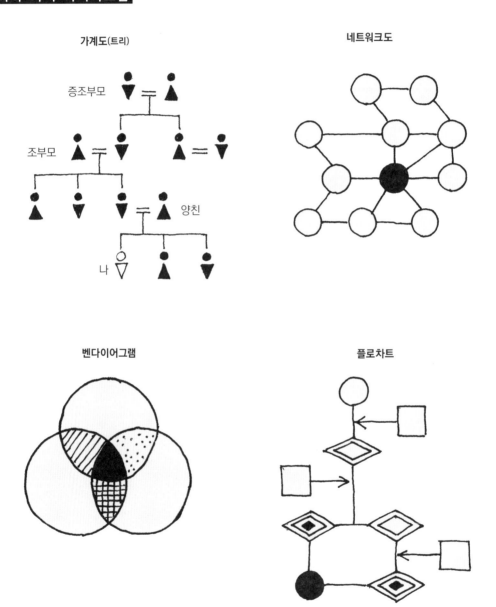

가계도(트리)

증조부모

조부모

양친

나

네트워크도

벤다이어그램

플로차트

머릿속에서만 생각해서는 이해하기 힘든 복잡한 관계의 경우, 형태나 크기를 무시하고 추상화시켜 그림으로써
그 관계만을 나타내는 것이 다이어그램이다. 어떤가? 굉장히 이해하기 쉬워졌지 않은가?

주택 설계의 표준 프로세스

주택 설계의 순서를 대략적으로 살펴보면, 주어진 조건을 정리한 프로그램부터 시작해
다이어그램, 조닝, 플래닝을 거쳐 최종적인 드로잉으로 이어진다.

다이어그램은 형태의 싹

말이 형태를 갖추고 싶어 하는 최초의 단계가 다이어그램이다. 반드시 순조롭게 진행
되는 것은 아니지만, 우왕좌왕하기도 하는 가운데 말과 문장뿐이었던 꿈이 서서히 형
태를 갖춰 나가는 과정이다. 이 단계에서 효율적인 동선을 구상하면 쾌적도가 증가하
거나 방이 넓게 느껴진다. 반면에 비효율적인 동선을 계획하면 생활할 때 짜증이 날
뿐만 아니라 공간 낭비가 발생하기도 한다. 절대 소홀히 해서는 안 될 과정이다.

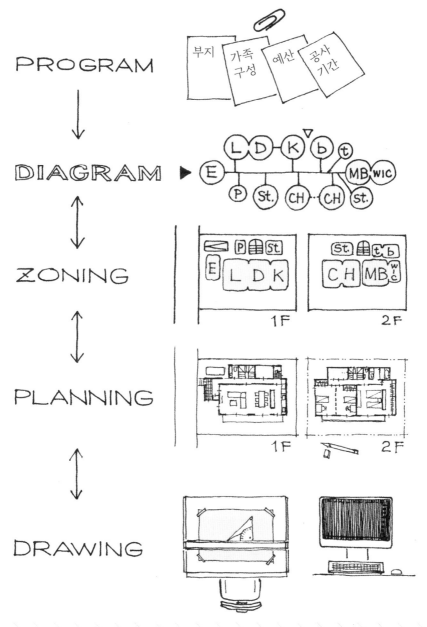

다이어그램의 표현은 단순한 형태로

다이어그램을 결정할 때, 각 공간의 형태나 크기는 생각할 필요가 없다.
단순한 형태로 나타내고 상호 관계의 구축에만 집중하면 된다. 아니, 그래야 한다.

다이어그램의 멤버들

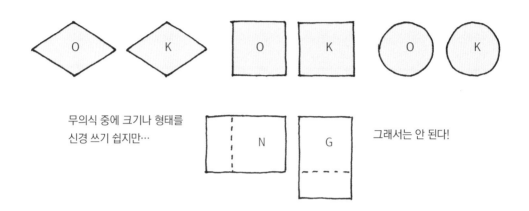

무의식 중에 크기나 형태를
신경 쓰기 쉽지만…

그래서는 안 된다!

다이어그램이 원이나 정사각형, 마름모라는 단순한 형태로 표현될 때가 많은 것은 '구체적인 형태나 크기를 떠올리지 마시오!'라는 의미다. 직사각형이면 가로세로의 균형이나 치수를 신경 쓰게 되기 때문이다.

다이어그램 선이 동선이 된다

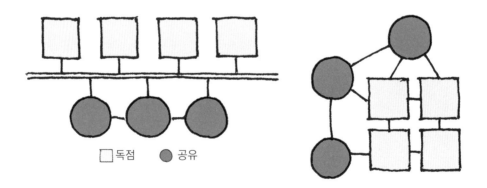

□ 독점   ● 공유

다이어그램에서 연결된 선상을 거주자가 돌아다니므로 그
선이 동선이 된다. 그리고 동선은 독점과 공유의 관계(프라
이버시의 형태)도 구축한다.

주택의 지역적 특징과 프라이버시 의식

세계의 주택은 그 지역의 기후 풍토나 생활 습관, 종교나 전통에 따라 다양한 성격을 띠는데,
이는 프라이버시 의식의 차이이기도 하다.

일본의 민가

습도가 높은 지역에서는 통풍이 잘 되지 않으면 살 수가 없다. 바람이 빠져나가려면 각 방마다 최소 두 곳을 열어 놓아야
하는 까닭에 독점·공유와 상관없이 각 공간이 연결되어 있다.

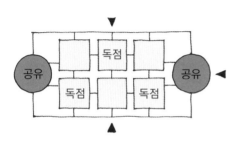

방 배치 이미지

유럽의 주택

한랭 건조한 바깥 공기를 차단하기 위해 돌이나 벽돌을 쌓아서 만들며, 개구부는 열기 힘들다. 공유 공간은 연결되어 있지
만 독점 공간은 한 곳하고만 연결되어 있을 뿐 닫혀 있다. 이런 환경 속에서 프라이버시를 중시하는 문화가 탄생했다.

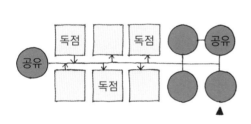

평면 이미지

사막의 집

낮에는 태양이 이글거리고 밤에는 얼어붙을 것처럼 춥다. 바깥 둘레는 닫아 놓지만, 각 세대·각 집까지 닫아 버리면 지
연·혈연이 성립되지 않는다. 그래서 독점 공간은 독립시키면서도 전부 공유 파티오(중정)를 거쳐서 접근하도록 만들었다.

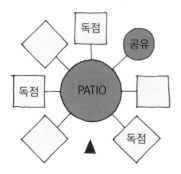

벽 이미지

평면도에서 다이어그램을 추출하면 세 지역의 특징과 차이점이 명확해진다.
다이어그램은 평면 계획의 본질이므로 당연한 일이다!

초기 비용·운전 비용·엔트로피 증대의 법칙

주택의 '성능'을 평가하는 지표가 몇 가지 있는 모양이다. 내진 성능이나 단열 성능 등이 있으며, 그 지표에 입각해 우량 주택이라는 딱지가 붙는다고 한다. 반면에 살기 편한 정도나 비용 대비 효과는 성능으로 평가받지 못하고 있다. 내진성이나 단열성은 수치화하기가 용이한 데 비해 쾌적성이나 편리성 등은 수치화가 어렵기 때문이다. 합리적인 동선의 평면 계획이나 낭비가 없는 단면 계획 등을 AI에게 분석시키면 합리성이나 효율도 수치화할 수 있을지 모르지만, 그렇다 해도 얼마나 살기 편한 집인지 나타내는 지표가 되지는 않는다. 살기 편한 기준은 거주자 개개인에 따라 천차만별이라 일반화가 불가능하기 때문이다. 나 같은 아틀리에 주택 건축가의 존재 의의가 바로 여기에 있음은 말할 필요도 없다. 신축 주택 판매업자나 하우스 메이커가 표준화를 지향하는 것과는 정반대다. 의뢰인이 우리에게 요구하는 것이 '내가 원하는 집'인 동안에는 아직 일자리 잃을 걱정은 하지 않아도 된다.

다만 그 개인적 의뢰인들이 앞에서 이야기한 내진 성능이나 단열 성능을 요구하게 된 지도 한참 되었다. 내진 성능 수치를 요구받으면 나는 함께 일하고 있는 구조 설계가에게 설명을 부탁한다. 내진 성능을 명시하는 것은 의뢰인을 안심시키기에 효과적이다. 그러나 단열 성능을 요구받았을 때는 순순히 요구에 따르지 않는다. 최근의 단열 지상주의에 의구심을 품고 있기 때문이다.

왜 주택을 단열재로 감싸고 싶어 하는 것일까?

"실내 공기 환경을 쾌적하게 유지하고 싶어서요."

"여름에는 시원하게, 겨울에는 따뜻하게 살고 싶으니까요!"

당연하다는 듯이 이런 대답이 돌아온다. 그런데 단열재로 감싸기만 하면 여름의 푹푹 찌는 더위나 겨울의 맹렬한 추위를 견딜 수 있을까?

"물론 가정용 에어컨 같은 공조 설비가 필요하지만, 단열재가 그런 공조 설비의 부담을 줄여서 광열비를 줄여 주잖아요!"

드디어 단열재 시공을 원하는 경제적, 수치적인 이유에 도달했다. 그런데 잠깐 생각해 보자. 경제적 측면을 이야기하려면 단열재의 시공 비용도 감안해야 할 것이다. 물론 단열재가 있느냐 없느냐에 따라 집 안의 따뜻함이 완전히 다르게 느껴질 것은 분명하다. 광열비 절감도 실감할 수 있을 것이다. 그렇다면 단열재를 많이 사용할수록 광열비가 저렴해질까? 시공비는 단순 비례적으로 상승하는 데 비해, 그 효과의 상승 정도는 점차 약해진다. 이른바 로그적 증가다. 즉 시공비라는 초기 비용의 증가와 광열비라는 운전 비용 감소의 균형을 어딘가에서 맞추지 않으면 과도한 단열은 종합적으로 비용 증가를 초래하고 만다. 그 어딘가는 당연히 그 주택의 수명이 다하는 언젠가다. 당신의 집이 반영구적으로 존속한다면 다량의 단열재를 사용하더라도 반드시 제값을 하게 되겠지만, 20~30년 후에 개축을 하거나 새로 짓게 된다면 어떨까? 이번 달 광열비가 싸게 나왔다고 좋아하기만 하면 종합적인 비용 대 효과를 간과하게 된다.

'나무만 보고 숲을 보지 못하는' 이런 사례는 상당히 많다.

'태양광 패널의 설치 비용과 전기 요금 0엔의 수수께끼'

'태양광 패널의 제조 과정에서 이산화탄소가 배출될 가능성'

'전기 자동차로의 전환과 발전소의 발전 방식'

'사용을 마친 핵연료 처리와 폐로까지 포함한 원자력 발전의 경제성'

과도한 시책은 낭비이며, 낭비가 지구 환경에 좋을 리는 없다.

환경 문제·자원 문제·에너지 문제는 전부 '열역학'의 문제로, 특히 '열역학 제2법칙'의 몰이해가 수많은 낭비를 낳고 있다고 생각한다. 열역학 제2법칙을 간단히 설명하면, 높은 에너지는 시간이 지남에 따라 흩어져서 낮아져 간다는 것이다. 가령 컵에 담겨 있는 뜨거운 물은 식어서 찬물이 되어 간다. 이를 손대지 않고 역행시키는 것은 불가능하다는 불가역적인 법칙이 열역학 제2법칙이다(엔트로피 증대의 법칙). 단열도, 축열도, 축전(蓄電)도, 이 자연 법칙에 대한 필사적인 저항일 뿐이다. 시간의 흐름에 제동을 걸려는 것이라고나 할까? 어떻게 해서든 에너지를 품 안에 두고 싶은 것이다. 설령 다른 에너지를 사용하는 한이 있더라도!

공조(空調)와 구조

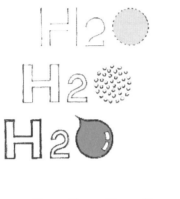

기화열의 기괴함

선풍기는 시원한 바람을 불어 주지 않는다

바람을 맞으면 체온이 내려가는 이유는 땀이 증발할 때
몸에서 기화열이 빠져나가기 때문이다.

비밀은 체감 온도

장마의 계절. 찌는 듯이 덥다. 그러나 아직 6월이다 보니 에어컨을 켜는 것은 조금 이르다는 생각이 든다. 그러니 일단 선풍기로 버텨 보자. 시원한 선풍기 바람을 쐬니 기분이 상쾌해진다! 그런데 잠깐. 시원한 바람…이라고? 지극히 간단해 보이는 이 전기 제품은 어떤 원리로 시원한 바람을 불어 주는 것일까?

모두가 선풍기에서 시원한 바람이 불어온다고 착각하는 것도 무리는 아니다. 그러나 선풍기 본체가 차갑지 않은데 그곳에서 보내는 바람이 차가울 리는 없다. 요컨대 실온이다. 습하고 뜨뜻미지근한 방 안의 공기가 그대로 불어올 뿐이다. 그런데도 선풍기 바람을 시원하게 느끼는 원인은 바로 당신에게 있다. 바로 '체감 온도'다.

몸의 표면에서 느끼는 온도는 기온만으로 결정되는 것이 아니다. 습도, 풍속, 열복사, 복장, 나아가 주위의 색이나 소리(어쩌면 주위에 있는 사람들이나 분위기도?) 등이 복잡하게 영향을 끼친다. 그렇다면 선풍기에서 불어오는 실온의 바람이 시원하게 느껴지는 이유를 온도, 습도, 그리고 풍속이라는 3요소를 통해 생각해 보자.

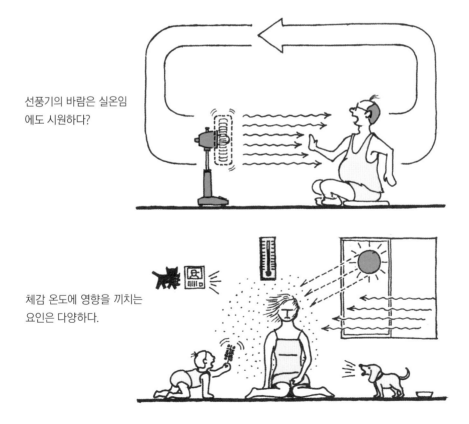

선풍기의 바람은 실온임에도 시원하다?

체감 온도에 영향을 끼치는 요인은 다양하다.

왜 선풍기의 바람은 시원할까?

실내 온도는 설령 바람이 없는 상태라 해도 일정하지 않다. 가령 천장 면과 바닥 면은
당연히 온도 차이가 나는데, 여기에서는 체표면 부근의 공기 온도에 주목해 보자.

체표면의 고온을 날려 버린다

일반적으로 여름철이라 해도 실온보다는 체온이 더 높다. 그래서 체표면 부근
에는 체온으로 따뜻해진 비교적 고온의 공기가 감돌고 있는데, 선풍기의 바람
이 그 뜨거운 공기를 날려 버리는 것이다.

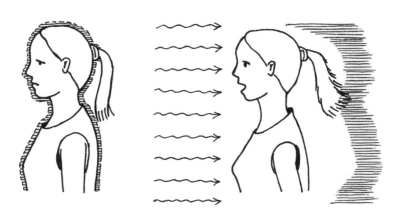

체표면의 높은 습도를 떼어낸다

습도도 마찬가지다. 우리 몸은 체온을 낮추기 위해 반복적으로 땀을 배출한
다. 그런 탓에 체표면 부근의 습도는 비교적 높은데, 선풍기 바람이 그 끈적끈
적한 공기를 떼어내 주는 것이다.

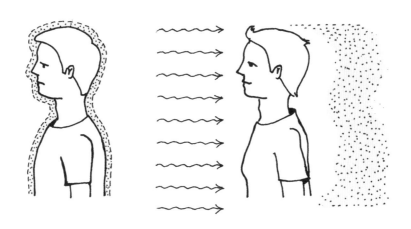

다만 이런 효과만으로 체표면이 느끼는 온도는 기껏해야 실온 정도에 불과하다.
선풍기 바람을 맞았을 때 느끼는 시원함은 고작 그런 것이 아닐 터이다.

땀이 증발할 때 기화열을 빼앗긴다

땀(액체)이 수증기(기체)로 상태 변화를 일으킬 때, 몸은 기화열을 빼앗긴다.
바람을 맞으면 체온이 내려가는 분명한 이유는 바로 이것이다.

선풍기 바람을 맞으면 체온이 내려가는 이유

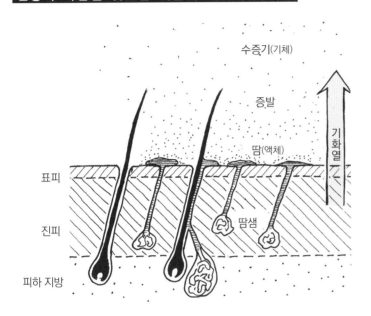

몸의 표면에서 땀이 증발할 때
몸에서 기화열을 빼앗아 간다
(몸이 기화열을 빼앗음으로써 땀은
체표면에서 증발한다).

선풍기 바람에 체표면 부근의 온도가 내려가면 땀은 증발하기 쉬워진다.
여기에 덤으로 바람이라는 공기의 유속이 증가하면 정압(靜壓)이 낮아지
기 때문에 땀의 증발이 약간이나마 촉진된다. 기압이 낮은 높은 산에서
는 섭씨 100도 이하에서 물이 끓는 것과 마찬가지다.

베르누이의 정리

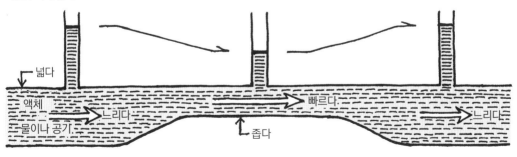

유속이 증가하면 정압은 낮아진다.

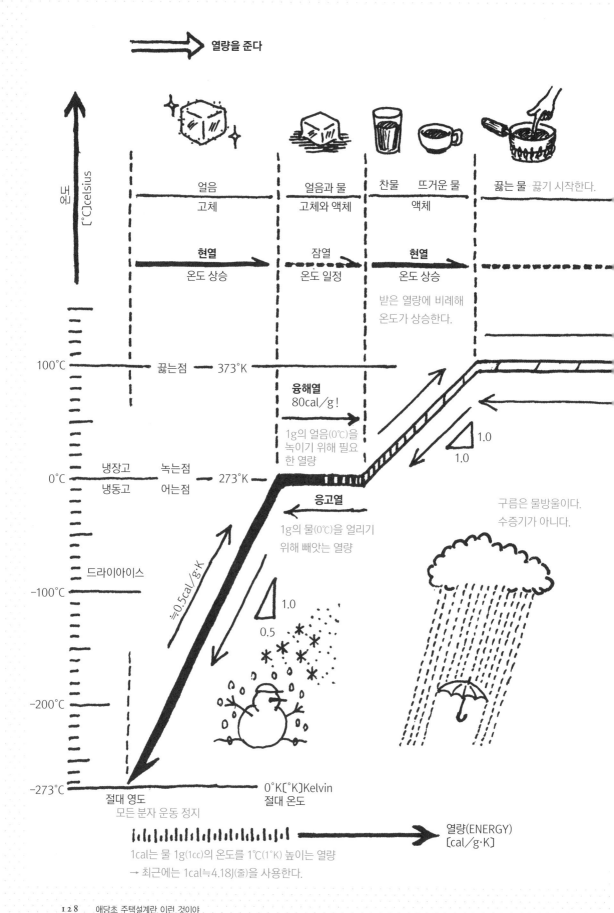

열량을 준다

높어 [°C]celsius

얼음 고체	얼음과 물 고체와 액체	찬물　뜨거운 물 액체	끓는 물　끓기 시작한다.

현열
온도 상승　　　잠열
온도 일정　　　**현열**
온도 상승

받은 열량에 비례해
온도가 상승한다.

100°C　　　끓는점 ─ 373°K

융해열
80cal/g!

1g의 얼음(0℃)을
녹이기 위해 필요
한 열량

0°C　　冷장고
냉동고　　녹는점
어는점 ─ 273°K

1.0
1.0

응고열

1g의 물(0℃)을 얼리기
위해 빼앗는 열량

구름은 물방울이다.
수증기가 아니다.

−100°C　　드라이아이스

≒0.5cal/g·K

1.0
0.5

−200°C

−273°C　　절대 영도
모든 분자 운동 정지

0°K[°K]Kelvin
절대 온도

열량(ENERGY)
[cal/g·K]

1cal는 물 1g(1cc)의 온도를 1℃(1°K) 높이는 열량
→ 최근에는 1cal≒4.18J(줄)을 사용한다.

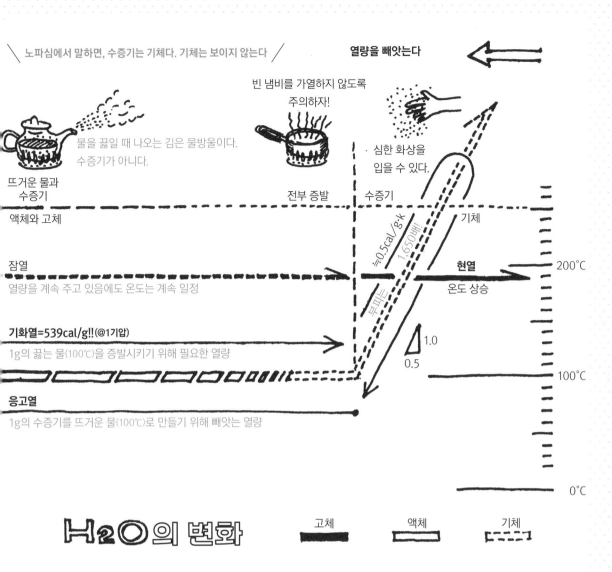

노파심에서 말하면, 수증기는 기체다. 기체는 보이지 않는다

열량을 빼앗는다

빈 냄비를 가열하지 않도록 주의하자!

물을 끓일 때 나오는 김은 물방울이다. 수증기가 아니다.

· 심한 화상을 입을 수 있다.

뜨거운 물과 수증기

전부 증발   수증기

액체와 고체

기체

잠열

≒0.5cal/g·k

1,650배

현열   200℃

열량을 계속 주고 있음에도 온도는 계속 일정

물끓는

온도 상승

기화열=539cal/g!!(@1기압)

1.0

1g의 끓는 물(100℃)을 증발시키기 위해 필요한 열량

0.5

100℃

응고열

1g의 수증기를 뜨거운 물(100℃)로 만들기 위해 빼앗는 열량

0℃

H₂O의 변화

고체   액체   기체

H_2O에 주어지는 열량에 따른 온도 변화를 그래프로 나타내면 온도별 상태 변화도 '가시화'된다.
그래프 왼쪽에서 오른쪽은 열량을 주는 방향,
반대로 오른쪽에서 왼쪽은 열량을 빼앗는 방향이다.

그래프의 수평 부분에 주목하자. 정확히 0℃에서 얼음이 찬물로 상태 변화를 일으키며,
정확히 100℃에서 끓는 물이 수증기로 상태 변화를 일으킨다. 즉 열량을 받은 결과 온
도는 변화하지 않더라도 상태는 변화한다. 이때의 열량이 '잠열'이다.
땀이 증발하려면 기화열이라는 이름의 잠열이 필요하며, 이것을 주는 것은 물론 몸이
다. 바꿔 말하면 몸에서 빼앗아 간다. 그 열량은 상상을 초월할 만큼 크다.

룸 에어컨은
만담 콤비다

콤프레서(압축기)와 에바포레이터(증발기)

냉매라는 이름의 소재를 이용해 뜨거워지기도 하고, 차가워지기도 한다.

공랭식 히트펌프 공기조화기

무더위 대책에 없어서는 안 될 에어컨. 그런데 에어컨의 올바른 명칭은 무엇일까? 학교에서 배웠겠지만, '공랭식 히트펌프 공기조화기'다. 이번에는 이 히트펌프에 관해 알기 쉽게 설명해 보겠다.

실내기와 실외기를 호스로 연결한 한 세트를 에어컨이라고 부른다는 것은 이미 알고 있을 터이다. 에어컨 호스 속을 오가는 것은 '냉매'다. 물과 마찬가지로 냉매도 기체↔액체의 상태 변화를 통해 열량을 잠열의 형태로 떠안는다(128페이지 참조). 냉매는 이 성질을 이용해 실내기와 실외기 사이에서 기화·액화하면서 부지런히 열을 운반하는 것이다. 냉매 종류는 몇 가지가 있는데, 물보다 낮은 온도에서 증발하며 장치를 콤팩트하게 만들 수 있는 것으로 선택된다.

냉매를 기화·액화시키는 것은 에바포레이터(증발기)와 콤프레서(압축기)의 콤비다. 만담 콤비에 비유하면 이해하기 쉬울 것이다. 만담 콤비는 보케(바보 같은 소리를 하는 역할)와 츳코미(보케를 구박하는 역할)로 구성되는데, 츳코미 역할을 하는 압축기가 보케에게 열을 내며 분위기를 뜨겁게 가열하면 보케 역할인 증발기가 부드럽게 받아넘겨 식히는 것이다.

에어컨의 구조도

아래 그림 같은 에어컨(공랭식 히트펌프 공기조화기)
구조 해설을 본 적이 있는가?

냉난방 사이클

에바포레이터(증발기)와 콤프레서(압축기) 콤비
의 절묘한 만담 진행 방식을 자세히 해설하고
싶지만, 그러면 이야기가 너무 복잡해진다.

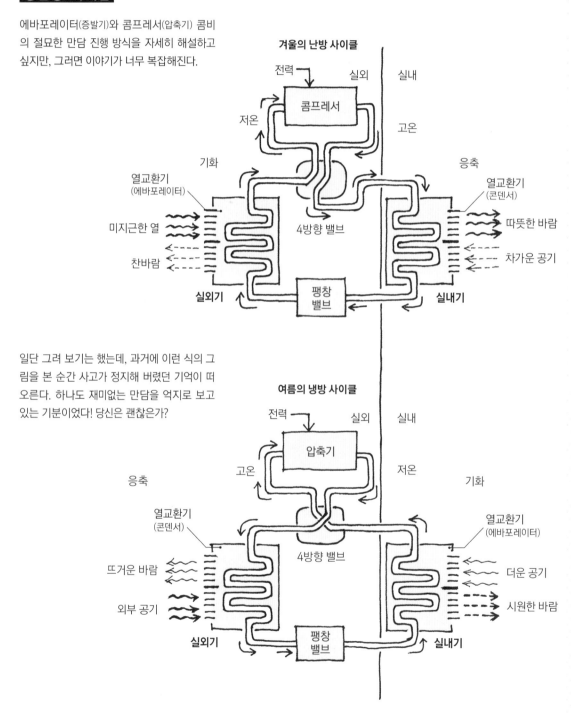

겨울의 난방 사이클

전력 실외 실내
콤프레서
저온 고온
기화 응축
열교환기 열교환기
(에바포레이터) (콘덴서)
미지근한 열 따뜻한 바람
찬바람 차가운 공기
4방향 밸브
실외기 팽창 밸브 실내기

일단 그려 보기는 했는데, 과거에 이런 식의 그
림을 본 순간 사고가 정지해 버렸던 기억이 떠
오른다. 하나도 재미없는 만담을 억지로 보고
있는 기분이었다! 당신은 괜찮은가?

여름의 냉방 사이클

전력 실외 실내
압축기
고온 저온
응축 기화
열교환기 열교환기
(콘덴서) (에바포레이터)
뜨거운 바람 더운 공기
외부 공기 시원한 바람
4방향 밸브
실외기 팽창 밸브 실내기

그런데 펌프란 무엇일까?

마음을 다잡고,
먼저 히트펌프의 펌프란 무엇인지 생각해 보자.

낮은 곳에서 높은 곳으로 끌어올리는 것이 펌프

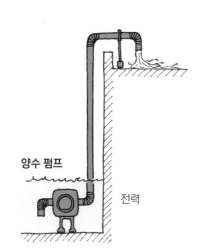

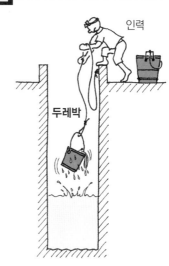

중력을 거슬러 낮은 위치에서 높은 위치로 액체를 퍼 올리는 양수 펌프가 좋은 예다.

양수 펌프의 동력은 전기지만, 대신 인력을 사용한다면 두레박도 엄연한 펌프다.

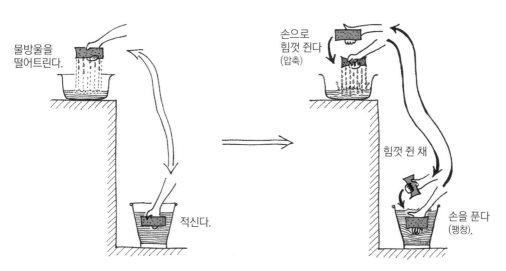

더욱 간단한 방법으로 물을 퍼 올려 보자. 바닥에 있는 양동이에서 책상 위의 대야로 물을 옮기고 싶은데, 손에 스펀지가 하나 있다고 가정하자. 그러면 당신도 나도 같은 행동을 할 것이다. 스펀지를 양동이의 물속에 담가서 물을 듬뿍 빨아들인 다음 재빨리 대야로 가져가 물방울을 떨어트리는 것이다.

이를 반복하는 사이 감질이 나서, 물을 빠르게 옮기기 위해 스펀지를 손으로 꾹 쥐고 있다가 양동이 속에서 풀어 물을 빠르게 빨아들인 다음 대야 위에서 힘껏 쥐어 물을 짜내게 된다. 그리고 손에서 힘을 풀지 않은 채로 스펀지를 양동이 속에 넣는다. 즉 1행정 속에서 쥔다와 푼다는 1회씩이다! 사실은 이것이 펌프의 기본 원리다.

히트펌프란?

열량도 온도가 낮은 곳에서 높은 곳으로 이동시킬 수 있다!
이것이 '히트펌프'라고 불리는 이유다.

냉방 사이클

여름철에 냉방을 하고 있는 시원한 실내 공기에서 열량을 긁어모아 더운 실외로 옮기는 것이 냉방 사이클이다. 액체 상태의 냉매를 증발기로 기화시켜 열량을 짊어 지운다.

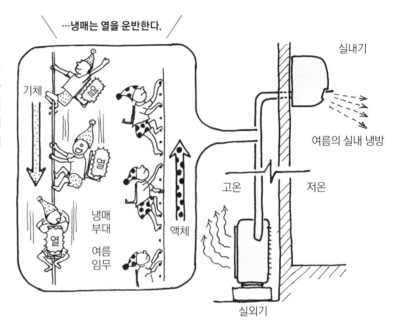

냉매가 기체가 되어 열량을 잠열의 형태로 운반하고, 그 짐을 내려놓으면서 액체가 되어 돌아가는 사이클이 형성된다. 어떤가? 앞에서 소개한 에어컨의 구조 그림이 조금은 보기 편해지지 않았는가?

난방 사이클

겨울철의 차가운 바깥 공기에서 열량을 긁어모아 따뜻한 실내로 옮기는 것이 난방 사이클이다. 잠열을 축적한 공기 상태의 냉매를 압축기로 꾹 쥐어서 액화시켜 열량을 짜낸다.

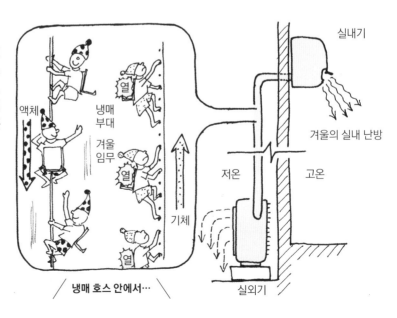

간과해서는 안 될 에어컨의 또 다른 기능

그것은 '제습' 기능이다. 이는 소위 '제습 모드' 이야기가 아니다.
냉방을 한다는 것은 동시에 제습도 하고 있다는 의미이다.

냉방을 통한 제습

128페이지 그래프에 나오듯이, 실내 열량 중 상당 부분은 실내 수증기 속에 잠열 형태로 저장되어 있다. 그런 까닭에 냉방을 해서 열량을 계속 실외로 배출하면 수증기는 액화(결로)되어 간다. 에어컨의 드레인 호스를 통해 실외로 똑똑 떨어지는 물방울이 바로 그것이다.

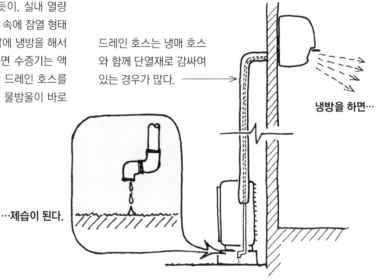

드레인 호스는 냉매 호스와 함께 단열재로 감싸여 있는 경우가 많다. →

냉방을 하면…

…제습이 된다.

냉방을 하면 제습도 된다는 것은 그 반대도 성립한다는 의미다.

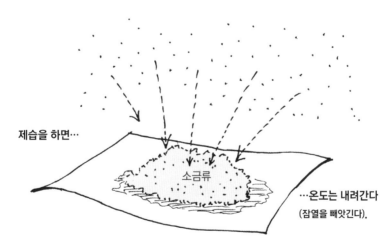

제습을 하면…

소금류

…온도는 내려간다
(잠열을 빼앗긴다).

같은 말을 반복하는 것 같지만, 제습을 하면 실내 온도는 내려간다!

가령 실내에 소금류를 놓아두면 점차 실내의 수증기를 빨아들여 눅눅해진다. 이를 실외에서 굽거나 건조시킨 다음 다시 실내에 놓아둔다. 이 작업을 반복해서 점점 제습을 해 실내 습도를 낮추는 냉방 방식이 '흡수식 냉동기'의 원리다. 흥미가 있다면 조사해 보기 바란다.

마지막으로 한 가지 더! 주택에는 에어컨 말고도 또 하나의 히트펌프가 있다. 어디에 있는 어떤 놈인지 알겠는가?

단열이란
지열(遲熱) · 완열(緩熱)이다

열의 전도를 완전히 차단하는 것은 불가능하다

우리는 미시적인 물리적 운동을 열역학으로서 거시적으로 파악하고 있다.
이 전제를 명심하자.

그렇다면 열이란 무엇일까?

매년 추운 계절이 찾아오면 새로운 단열재나 단열 방법이 자화자찬과 함께 등장한다. 그러나 그중에는 열이란 무엇인지 전혀 이해하지 못한 것 같은 문제 있는 제품도 많다.

단도직입적으로 말하면 열이란 분자 운동의 집합적 상태의 결과이다. 이렇게 생각하면 번거로우니까 물질로 간주하면서 생각하기로 하자. 본래 열은 전달되는 것이지만 마치 이동하는 물건처럼 생각할 수도 있으니 이것은 이것대로 실감이 잘 되는 방법이기는 하다.

그런데 시간이 지나면 그 전제를 잊어버리고 그냥 건축 재료의 성질이나 시공 방법을 통째로 외워 버리게 된다. 단열재로 열을 완전히 차단할 수 있다고 착각해 버리는 것이다. 그러나 원리를 이해하지 않으면 응용할 수 없다. 미시적과 거시적이라는 두 관점을 오가면서, 게다가 혼동하는 일 없이 생각해야 한다.

미시적으로 보면, 열은 이어달리기처럼 전달되는 것이다.

'열전도'

물질 속에 있는 분자가 운동하다 옆의 분자를 밀쳐서 움직인다. 이것이 점점 전파되어서 열이 전달되는 현상이 '열전도'다.

거시적으로는 마치 물건이 이동하는 것처럼 취급한다.

분자 간 거리가 짧을수록, 즉 물질의 밀도가 높을수록 열의 이동은 빨라진다.

분자와 분자 사이가 떨어져 있으면 열의 이동은 느려진다. 원리는 이것이 전부다.

'열전도율'은 물질의 밀도가 작을수록 낮다

열전도율은 금속, 콘크리트, 목재의 순서로 낮아진다.
시험에 자주 출제되는 것이라 다들 통째로 암기할 텐데, 왜 그런지 이유는 알고 있는가?

각종 물질의 열전도율

금속, 콘크리트, 목재 외에 액체, 기체, 진공의 밀도까지 포함시켜서 생각하면 열전도율은 물질의 밀도와 관계있음을 알 수 있다. 단열재 대부분이 기포를 포함하고 있는 이유가 여기에 있다.

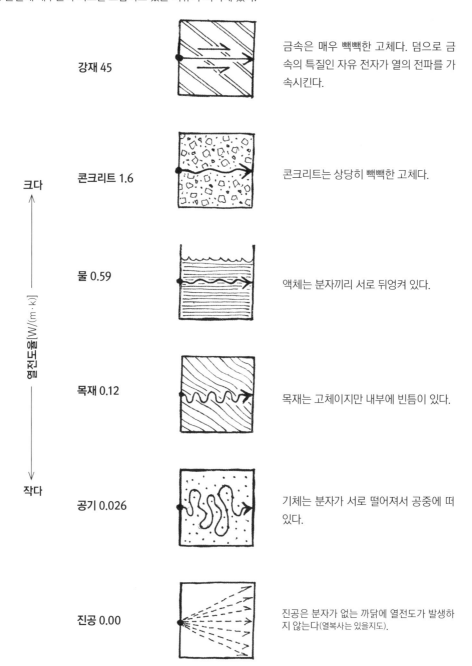

강재 45

금속은 매우 빽빽한 고체다. 덤으로 금속의 특질인 자유 전자가 열의 전파를 가속시킨다.

콘크리트 1.6

콘크리트는 상당히 빽빽한 고체다.

물 0.59

액체는 분자끼리 서로 뒤엉켜 있다.

목재 0.12

목재는 고체이지만 내부에 빈틈이 있다.

공기 0.026

기체는 분자가 서로 떨어져서 공중에 떠 있다.

진공 0.00

진공은 분자가 없는 까닭에 열전도가 발생하지 않는다(열복사는 있을지도).

크다 ↑

열전도율[W/(m·k)]

작다 ↓

열전도율의 주의점

앞에서 이야기한 원리와 모순되는 내용인데, 기포를 이용한 단열재는 부피 비중이 클수록
열전도율이 낮아진다. 기체 분자를 확실히 구속함으로써 대류를 막기 때문이다.

단열재의 부피 비중

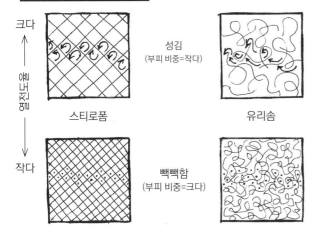

부피 비중이 작은 단열재는 조직이 성기고 상
대적으로 기포가 크다. 기체 분자는 그 속을 비
교적 자유롭게 돌아다니기 때문에 작은 대류를
일으켜서 서서히 열을 전달하고 만다.

부피 비중이 큰 단열재는 기체 분자를 빈틈없
이 구속해 대류를 막음으로써 기체의 특징인
낮은 열전도율의 효과를 확실하게 만든다.

단열재의 기포는 작고 각각이 독립되어 있는 편이 '좋아요!'

서로 다른 물질 사이에서의 '열전도·열전도율'

건축물을 예로 들면, 외벽과 실외·실내의 공기가 접촉하는 면에서
열이 전달되는 것이 '열전도'다.

전도의 핵심

풍속이 빠르면 공기 분
자가 연달아서 열을 받
으러 와 준다.

경계면이 거칠면 그만
큼 표면적이 커져서 열
을 전달하는 장소가 넓
어진다.

열전도율은 서로 이웃한 두 물질
의 성질에 따라 달라지는데, 가령
외부 마감재와 실외 공기의 경우
양쪽의 온도 차이가 클수록, 외부
마감재의 면이 거칠수록, 실외 공
기의 풍속이 빠를수록 그 비율이
높아지는 것이 일반적이다.

온도 차이가 크면 분자
운동을 전달하기 쉬워
지므로 많은 열을 가져
가기가 용이해진다.

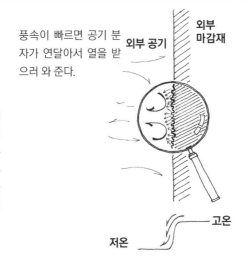

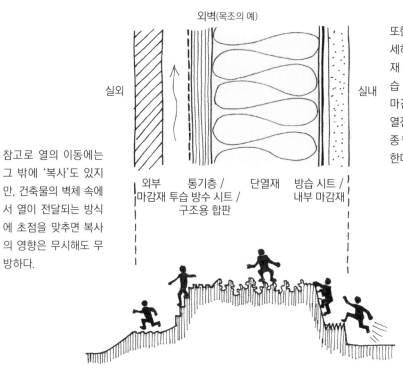

외벽(목조의 예)

실외

실내

외부
마감재

통기층 /
투습 방수 시트 /
구조용 합판

단열재

방습 시트 /
내부 마감재

또한 목조 주택의 외벽을 자세히 들여다보면 내부 마감재·방습 시트·단열재·투습 방수 시트·통기층·외부 마감재가 있어서 열전도와 열전달이 반복된다. 이것을 종합적으로 열관류라고 한다.

참고로 열의 이동에는 그 밖에 '복사'도 있지만, 건축물의 벽체 속에서 열이 전달되는 방식에 초점을 맞추면 복사의 영향은 무시해도 무방하다.

거시적으로 바라보는 '열관류'

지금까지 열전도, 열전달, 부분적인 대류를 미시적으로 살펴봤으니 지금부터는 벽체 내를 통과하는 열을 거시적으로 살펴보자.

겨울철을 예로 들면, 열은 따뜻한 실내에서 외벽을 통해(뚫고) 추운 실외로 이동한다(빠져나간다). 이를 미시적으로 설명하려면 앞에서 소개한 열전도와 열전달의 복잡한 조합을 하나하나 분석해야 하는데, 그런 설명은 번거로우니 장애물경주에 비유해 보자(위의 그림).

물건(사람)으로서의 열은 단열이나 방습 처리를 한 외벽 속에서 필사적으로 나가려 하는데, 뛰어넘기 쉬운 경계가 있는가 하면 오르기 힘든 단차도 있다(열전달). 달리기 편한 지면이 있는가 하면 발이 푹푹 빠지는 수렁도 있다(열전도). 그래도 열은 반드시 장애물을 넘어 실외에 도달할 것이다. 이것이 '열관류'다.

- 열전도율 $[W/(m \cdot K)]$
- 열전도비저항 $[(m \cdot K)/W]$
- 열전도저항 $[(m^2 \cdot K)/W]$

- 열전달률 $[W/(m^2 \cdot K)]$
- 열전달저항 $[(m^2 \cdot K)/W]$

- 열관류율 $[W/(m^2 \cdot K)]$
- 열관류저항 $[(m^2 \cdot K)/W]$

W: 와트(일률)　　m: 길이　　m^2: 면적　　K: 켈빈〈절대온도(차)〉

높은 온도에서 낮은 온도로 이동하는 열을 막기는 불가능하다. 다만 경주에서 중요한 것은 당연히 시간인데, 그 시간을 늦출 수는 있다. 일정 시간 내에 몇 명이 골인했느냐를 '열관류율'이라고 생각하면 된다. 결과만 보기에 열관류는 거시적인 관점인 것이다.

단열이란 열을 차단하는 것이 아니다.
열의 이동을 늦추는 것이다.

그래서 나는 '단열'보다 지열(遲熱)이라든가 완열(緩熱)이 더 정확한 표현이라고 생각한다. 열의 이동을 완전히 차단할 수는 없다는 말이다.

그런데 열관류는 열의 처지에서의 이야기다. 건물로서는 열관류에 저항하고 싶어 한다. 그래서 열관류율의 역수, 즉 1/열관류율=열관류저항이 있는 것이다.

단열·기밀·환기·통기의 4파전

단열의 효과를 높이기 위한 기밀 처리가 결로를 초래하고,

그 결과 단열의 효과를 낮추는 환기의 필요성이 강조된다

마치 자신의 꼬리를 잡으려고 무한히 빙글빙글 도는 새끼고양이 같지 않은가?

단열과 환기의 모순

앞에서 "단열은 열을 차단하는 것이 아니라 열의 이동을 늦추는 것이다"라고 설명했는데, 그 결과 무슨 일이 일어났을까? 늦어질 것 같으면 급히 서두르는 것은 사람도 열도 마찬가지다. 가령 고속도로에서 교통 정체가 계속되면 이를 견디지 못한 운전자가 고속도로를 빠져나와 일반 도로를 달릴 때가 있다. 멀리 돌아가더라도 막히지 않아서 속도를 내며 달리는 편이 낫다고 판단하는 것이다. 열 또한 우회하더라도 갈 수 있는 경로를 선택한다.

실내 온도를 적정하게 유지하려면 단열 말고도 필요한 것이 있다. 아니, 어쩌면 단열 이상으로 필요한 것일지도 모른다. 그것은 바로 기밀(氣密, 에어타이트)이다. 방의 기밀을 약화시키는 부분은 대체로 창호의 틈새다. 애초에 창호는 사람이나 공기가 드나들기 위해서 존재하기에 열리는 것이 사명이며, 따라서 틈새가 있는 것은 숙명이라 할 수 있다. 그런데 이를 안 된다고 말하는 것이니, 단열의 억지는 정말 한도 끝도 없다. 이렇게 해서 '고단열·고기밀'이라는 지표가 만들어진 것이다.

그런데 고단열·고기밀에 집착한 나머지 실내 공기 오염과 산소 결핍이 일어났다. 이 사태의 영향으로 황급히 만들어진 것이 일본에서 2003년에 시행된 '실내의 24시간 환기 의무 규정'이다. 시행 당시는 통칭 '새집 증후군법'으로 불렸으며, 기밀성이 높은 주택이 보급됨에 따라 문제가 되고 있던 건축 재료에 포함된 유해 물질을 배제하는 목적이 강조되었다. 다만 현재는 그런 유해 물질을 찾아볼 수 없는데, 그럼에도 24시간 환기 의무 규정이 폐지되지 않는 이유는 역시 산소 결핍을 우려해서일 것이다(이 책을 준비하는 도중에 코로나 팬데믹이 발생해 실내 환기의 필요성이 또다시 강조되고 있다).

단열이나 기밀은 분명히 필요하다. 그러나 고단열·고기밀로 만들수록 실내 환경을 통제하기 용이하다는 발상은 스스로 자신의 목을 조르는 결과로 다가올 수 있다. 자꾸 이야기해서 지겹겠지만, '단열이란 열을 차단하는 것이 아니라 열의 이동을 늦추는 것'이다. 적당한 수준까지만 늦추는 것이 어떨까?

기껏 뚫은 구멍을 밀폐하라고?

아무리 열심히 단열을 한들
창호의 기밀이 불충분하면 의미가 사라진다.

창호의 기밀성을 확보하는 방법

여닫이문

미닫이문

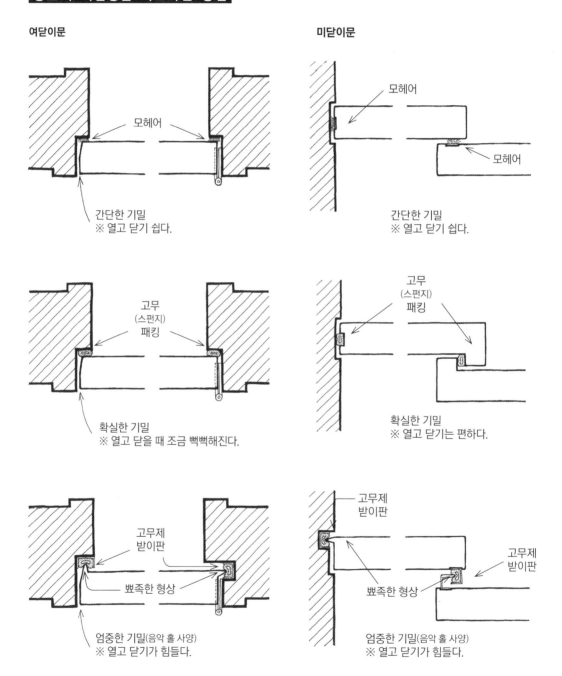

모헤어

간단한 기밀
※ 열고 닫기 쉽다.

모헤어

모헤어

간단한 기밀
※ 열고 닫기 쉽다.

고무
(스펀지)
패킹

확실한 기밀
※ 열고 닫을 때 조금 뻑뻑해진다.

고무
(스펀지)
패킹

확실한 기밀
※ 열고 닫기는 편하다.

고무제
받이판

뾰족한 형상

엄중한 기밀(음악 홀 사양)
※ 열고 닫기가 힘들다.

고무제
받이판

고무제
받이판

뾰족한 형상

엄중한 기밀(음악 홀 사양)
※ 열고 닫기가 힘들다.

단열·기밀을 했는데 환기를 하라고?

고단열·고기밀에 집착한 결과 일어난 일….
바로 실내 공기 오염과 산소 결핍이다.

고기밀·고단열

숨쉬기 힘들어….

"그것 보라고. 내가 말했잖아!"라는 외침이 목구멍까지 치민다. 당연하지 않은가? 철저한 기밀이 가져오는 결말은 질식이다.

실내의 24시간 환기

그래서 환기에 필요한 창 이외에 24시간 돌아가는 환풍기를 설치하라는 규정이 제정되었다.

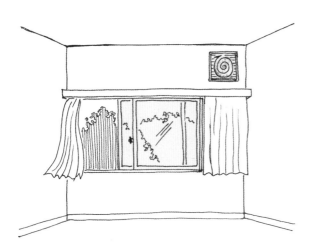

지금은 모두 이 규정을 의심 없이 받아들이고 있지만, 시행 당시 나도 친구 건축가들도 상당히 의아하게 생각했었다. "환풍기를 24시간 내내 돌린다면 창은 고정창을 설치해도 되지 않아?" "환풍기를 24시간 내내 돌리라니, 겨울에는 추워서 어떡하라고!"

강제 환기 방식

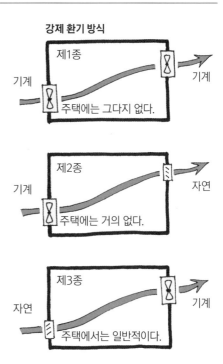

단열이 기밀을 부추기고, 기밀이 강제 환기를 초래한 것이다.

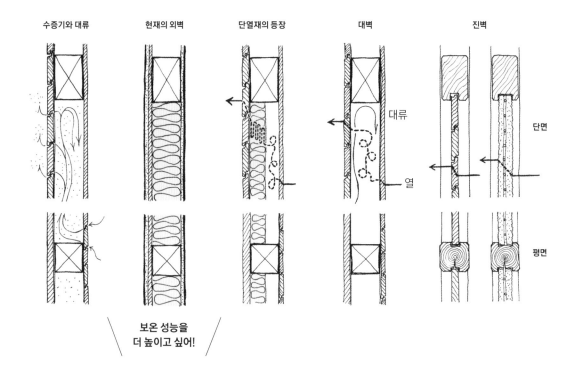

수증기와 대류	현재의 외벽	단열재의 등장	대벽	진벽

대류

열

단면

평면

보온 성능을
더 높이고 싶어!

단열이 일으키는 또 다른 소동

과거에 일본 목조 주택의 벽은 주로 진벽(기둥을 노출시키는 형식의 벽)이었기 때문에 그 외벽은 토벽

으로 만들거나 판자를 댔다. 그러다 대벽(기둥을 감추는 형식의 벽)이 등장해 벽 내부 빈 공간에 공

기층을 확보하게 되면서 실내 보온이 상당히 개선되었는데, 이를 계기로 보온 성능을 더욱 높이

고 싶다는 욕구가 단열재 개발을 촉진하게 되었다. 벽 속의 공기는 그 자체로 훌륭한 단열재이지

만, 대류를 일으켜서 열의 이동을 돕는 장난꾸러기이기도 하다. 그래서 공기 분자를 분단시켜 구

속하는 단열재가 탄생했다. 현재는 목조 주택을 지을 때 외벽 골조 속에 단열재를 빽빽하게 채우

는 것이 당연해졌다. 그 효과는 분명히 절대적이어서, 우리는 겨울뿐만 아니라 여름에도 그 은혜

를 누리고 있다.

　그런데 그동안 좋지 않은 것으로 여겨졌던 대류는 사실 벽 속의 수증기를 움직여서 결로를 막

고 기회를 틈타 벽의 틈새를 통해 밖으로 내보내 주고 있었다.

단열재를 채운 벽체 속에 통기층을 설치하라고?

단열재로 가득 채워지고 기밀 처리로 마무리된 벽 속에서는 질식할 수밖에 없다.
결국 '벽 내 결로'가 일어나며, 그 대처 요법이 '벽 내 통기'다.

벽 내 결로와 통기층

벽 내
결로와

통기층

벽 내
통기

단열 처리를 한 바로 바깥쪽에 통기층을 설치해서 습기를 내보내는, 인공호흡기 같은 것이다.

공기한테 "움직이지 마!"라고 말해 놓았으면서 이번에는 "움직여!"라고 말하는 것과 같다. 마치 우리 속의 생쥐 같지 않은가?

《주거 해부 도감》 118페이지 단열과 통기, 124페이지 통풍도 함께 읽어 주면 좋다.

스웨터를 누가 입을 것인가?
집인가? 당신인가?

Which?

단열의 억지는 멈출 줄 모른다. 나로서는 집 전체에 두꺼운 스웨터를 입히기 전에 당신이 스웨터를 입었으면 하는 바람이다.

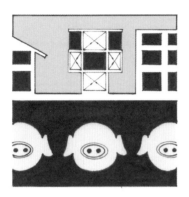

'무겁다=튼튼하다'가
아니다

철근 콘크리트조·철골조·목조. 무엇이 더 튼튼할까?

지진·벼락·화재·아버지!
집을 덮치는 재난과 맞서려면?

철근 콘크리트가 정답은 아니다

"역시 콘크리트 건물이 마음이 놓인단 말이지."

"철골이 들어 있으면 튼튼하겠네."

"하지만 우리는 그냥 목조 건물로 만족해야지."

아무래도 세상 사람의 인식에서는 철근 콘크리트조→철골조→목조의 순서로 건물의 튼튼함이 약해지는 모양이다. 당신은 어떻게 생각하는가?

애초에 '건물의 튼튼함'이란 무엇일까? 무엇에 대한 튼튼함일까? 지진·벼락·화재·아버지! 그렇다! 흔들림·충격·불·소음에 대한 튼튼함이다. 이를 분명히 구별해서 생각해야 한다.

먼저 소음에 대한 차음 성능부터 살펴보자. 외부 소음이든 실내에서의 소란이든, 건물 지붕이나 벽을 통해 안팎으로 전해진다. 음에 대한 저항력은 단순히 무게의 영향을 받는다. 이를 '질량법칙'이라고 한다. 철근 콘크리트조·철골조·목조를 비교하면 철근 콘크리트조의 승리다. 다만 실제 건물의 경우 개구부도 영향을 끼치므로 그렇게 간단한 문제가 아니다.

다음으로 화재에 대한 내화 성능을 살펴보자. 건물이 불에 잘 타지 않는지 어떤지는 사용된 건축 재료의 불연성에 따라 결정된다. 콘크리트는 그 자체가 불연재로서 불연성이 우수하다. 그러나 철골조나 목조도 주요 구조부를 불연재로 피복하면 동등한 내화 성능을 얻을 수 있다.

세 번째는 충격에 대한 성능이다. 폭주하는 트럭이 자신의 집으로 돌진하는 상황까지 대비할 수는 없으므로, 충격의 상대는 폭풍이다. 폭풍에 대해서는 무거운 철근 콘크리트가 낫다. 여기까지는 철근 콘크리트의 우위다.

마지막은 내진력이다. 사람들이 '철근 콘크리트 건물은 안심할 수 있어'라고 생각하는 심리에는 콘크리트가 무겁고 튼튼하니 지진에도 강할 것이라는 생각이 담겨 있다. 그런데 사실 큰 착각이다!

차음 성능

무거운 격벽일수록 벽 너머에서 소리가 약해지는 비율이 높아진다.
즉 차음 성능이 높다=질량 법칙.

**철근 콘크리트조의
승리인지도**

내화 성능

불에 잘 타지 않는 건축 재료로는 내화 성능이 높은 것에서 낮은 것의 순서로
불연재·준불연재·난연재가 있다.

목재는 가연성이므로

철은 불연재이지만 열을 받으면
변형되며 강도가 떨어지므로

철근 콘크리트도
불연재이지만

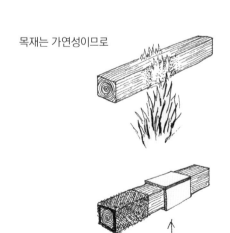

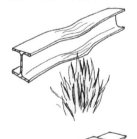

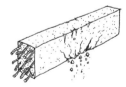

표면이 타서 탄화하면 내화 피복과 같은 효과로 중심까지는 불타지 않는다. 그래서 처음부터 이것을 감안해 굵게 만든다.

내화 피복을 입히는 방법도 있다.

뿜어서 부착시키는 유형 (암면 등)

감싸는 유형 (규산칼슘보드 등)

내화 피복을 입힌다.

높은 온도로 가열되면 균열이 생기거나 파손된다.

내풍압 성능

내풍압 성능도 철근 콘크리트조가 우수하다.
어지간한 바람에는 꿈쩍도 하지 않는다. 무거우니까.

🎵 불면 날아간다네~

바람이 불면 통 장수가 돈을…

내진 성능

건물은 무거울수록 크게 흔들린다.
지진에 대해서는 무거운 것이 불리하게 작용한다는 사실을 이해하자.

지진은 집이 지어져 있는 씨름판이 갑자기 움직이기 시작하는 것이다.

이는 누군가가 옆에서 집을 미는 것과 같다(아인슈타인의 등가 원리). 밀렸을 때 발생하는 가속도는 집이 무거울수록(질량이 클수록) 커진다. 다시 말해 피해도 커진다.

건축 기준법은 그 건축물이 확보해야 할 성능을 구조의 종류에 따라 차별하지 않는다.

건축의 역사는
중력에 대한
저항의 역사였다

건축물은 구멍이 있는 피난처다

비바람으로부터 보호받는 공간을 만드는 지붕과 벽.

채광과 통풍을 위한 벽의 개구부.

전설적인 영화 〈2001 스페이스 오디세이〉에 그려진 세계가 지금은 꿈이 아니게 되었다. 우주 정거장에서 우주 비행사가 말을 한다. 그와 동료들은 탑승한 캡슐 안에서 가로로, 세로로, 때로는 거꾸로 떠있으며, 음료수의 액체도 동그란 구슬이 되어 공중을 떠다닌다. 우주선의 내부에는 '무중력'의 세계가있다.

우리가 사는 세계에는 중력이 있다. 우리는 지구의 인력이 크게 작용하는 '시간과 공간의 장(場)'에서 살고 있다. 그 영향을 벗어날 방법은 우주로 날아가는 것뿐이다. 그렇기에 인류는 중력에 순응하고 중력을 이용해 왔다.

　그러나 한편으로는 짓누르는 중력에 저항해 온 것도 사실이다. 특히 건축이 그 고난의 길을 걸어 왔다. 유사 이래 건축의 역사는 '중력에 대한 저항의 역사'라고 해도 과언이 아니다.

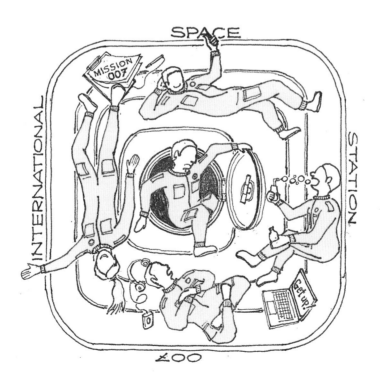

비에 저항한다

지붕에는 경사를 준다.
하늘에서 빗물이 떨어지기 때문이다.

비도 하늘에서 떨어진다

경사가 급할수록 빗물을 받아 흘리기 좋다.

지붕 경사와 방수 성능은 반비례

그러나 지붕 아래에서는 꼭대기로 갈수록 공간이 좁아질 수밖에 없다. 이것이 싫은 설계자가 경사를 완만하게 만들거나 과감하게 평지붕을 지향한 결과 방수 기술이 발달해 왔다.

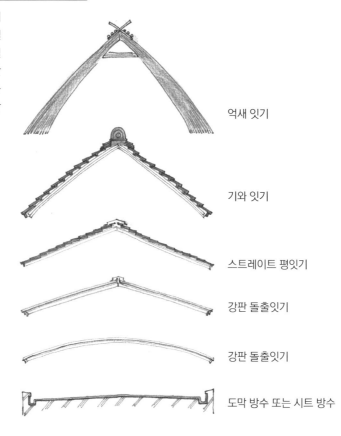

억새 잇기

기와 잇기

스트레이트 평잇기

강판 돌출잇기

강판 돌출잇기

도막 방수 또는 시트 방수

벽에 구멍을 뚫는 것도 중력과의 싸움

위에 지붕을 덮고 벽으로 사방을 둘러치면 내부는 컴컴해진다. 햇빛을 받으러 밖으로 나가고 싶어지고,
추운 겨울에는 빛을 집 안으로 끌어들이고 싶어진다. 출입구와 창, 즉 개구부를 원하게 되는 것이다.

중력에 대한 끝없는 저항

중력은 벽에 구멍을 뚫는 것도
쉽게 허락해 주지 않는다. 위
쪽 벽 무게가 구멍을 향해 집
중 공격을 가한다. 그 결과 균
열이 생기고, 벽은 구멍을 메
우려 한다.

구멍 위에서 짓누르는 무게를 받아 분산시키기
위해 고안된 것이 아치다.

어떻게든 구멍을 지키기 위해
고안된 것이 문미

이 성공에 고무된 사람들은 문미와 아치를 건물 전체로 확대해 거대한 공간을 실현했다
(《주거 해부 도감》 108페이지 벽과 구멍 만들기도 함께 읽어 주면 좋다).

가구식 구조

볼트 천장

그러나 인간의 욕망은 멈출 줄 몰랐고, '중력 따위는
쉽게 이길 수 있음'을 과시하고 싶어졌다. 다시 말해 건
축물을 땅에서 띄우는 것이다.

앞으로 건축물은 어디까지 뜰 것인가…. 어쩌면 '태양광
발전을 이용한 자기 부상 주택' 같은 것이 실현될지도?

중력의 트라우마로부터 해방되고픈 근대 건축

'태양광 발전을 이용한 자기 부상 주택?'

2009년 가을, 《주거 해부 도감》을 출간했다. 주택 설계를 공부하는 학생, 실무를 시작한 젊은 설계자, 앞으로 집을 지으려는 사람들을 대상으로 '주택이란 무엇인가'를 구체적으로 설명한 책이다. 그리고 5년 후, 같은 출판사 편집부에서 주택 설계를 시작할 때 중요한 점을 조금 더 자세히 써줄 수 없겠느냐는 의뢰가 들어왔다.

그런데 내가 실무를 시작한 40여 년 전(1977년)과 지금은 주택 설계 수단이 크게 바뀌었다. 두꺼운 건축 재료 카탈로그는 인터넷상에서 열람할 수 있게 되었고, 목조 골조는 공장에서 제조되고 있으며, 직접 손으로 그리던 제도 작업이 CAD 작업으로 대체되어 제도 도구가 거의 필요 없어졌다. 내 나름대로 궁리해서 만들어냈던 작업 방식이 다양한 기계들 안에 이미 장착되어 있는 것이다. 물론 그것은 그것대로 좋은 일이기에 이제 와서 내가 철 지난 설계 방법을 장황하게 늘어놓은들 아무런 의미도 없을뿐더러 자칫 비웃음만 살 뿐이다.

다만 나는 진보한 환경이 가져온 현재의 주택 설계 방법 속에서 웃지 못할 실수나 착각이 만들어지고 있는 상황을 걱정해 왔다. 설계 작업이 기계 혹은 타인에게 맡겨져 설계자 자신의 신체 감각으로부터 멀리 떨어진 곳에서 진행되고 있는 것이 아닌가 하는 걱정이다.

- 그 집이 필요로 하는 건축 재료의 성질을 검토하기에 앞서 일단 상품들부터 둘러보고 있지는 않은가?
- 구조나 설비의 설계를 각각의 엔지니어에게 전부 맡기고 있지는 않은가?
- 책상 위에 자가 없고 줄자도 갖고 다니지 않으면서 크기에 대한 감각을 익힐 수 있을까?
- 누군가가 인터넷상에 의기양양하게 공개한 이런저런 기법에 현혹되어 주택을 위한 설계가 아닌 설계를 위한 설계를 하고 있지는 않은가?

만약 그렇다면 그 끝에 기다리고 있는 것은 무리와 낭비일 뿐이며, 에너지를 절약하려는 것이 오히려 에너지를 낭비하는 결과를 부를 수 있다.

그래서 주택 설계를 하는 사람들이 본래의 바람직한 모습, 기본으로 돌아갔으면 하는 바람에서 〈건축 지식〉이라는 잡지에 2016년 11월부터 2년에 걸쳐 '주택 설계 착각 해부 도감'을 연재했다. 그리고 이번에 그 연재 내용을 정리하고 가필해 책으로 출간하게 되었다.

젊은이들이 부담 없이 손에 들 수 있도록 제목도 바꾸고, 그림도 많이 추가해 분위기를 부드럽게 만들었다.

어땠는가? 괜찮았는가?

2021년 12월 길일(吉日)

마스다 스스무

글·그림

마스다 스스무增田 奏

1951년 요코하마 시에서 태어남. 1급 건축사.
        요코하마 건축가 그룹 〈area045〉 회원.
1975년 와세다대학 이공학부 건축학부 졸업.
1977년 동 대학원 석사과정 수료.
1977년부터 1986년까지 9년간 '주택설계의 1인자'로 불리던 요시무라 준조의 설계사무소에서 근무.
1986년 독립. 건축설계사무소 SMA를 설립하여 주택설계를 중심으로 활동. 대학 비상근강사 역임.

SOMOSOMO KODAYO KENCHIKU SEKKEI by SUSUMU MASUDA
ⓒ SUSUMU MASUDA 2021
Originally published in Japan in 2020 by X-Knowledge Co., Ltd.
Korean translation rights arranged through AMO Agency KOREA.

애 당 초
주 택 설 계 란
이런 것이야

1판 1쇄 인쇄 2023년 05월 04일
1판 1쇄 발행 2023년 05월 16일

지은이 마스다 스스무
옮긴이 이지호
펴낸이 김기옥

실용본부장 박재성
편집 실용1팀 박인애
마케터 서지운
판매전략 김선주
지원 고광현, 김형식, 임민진

인쇄·제본 민언프린텍

펴낸곳 한스미디어(한즈미디어(주))
주소 121-839 서울시 마포구 양화로 11길 13(서교동, 강원빌딩 5층)
전화 02-707-0337
팩스 02-707-0198
홈페이지 www.hansmedia.com
출판신고번호 제 313-2003-227호
신고일자 2003년 6월 25일

ISBN 979-11-6007-913-5 13540

책값은 뒤표지에 있습니다.
잘못 만들어진 책은 구입하신 서점에서 교환해드립니다.